VERILOG® HDL SYNTHESIS
-A Practical Primer-

# VERILOG® 합성

| 최적의 합성을 위한 설계 가이드 |

J. Bhasker 저
곽 종 욱 역

홍릉과학출판사

# VERILOG® HDL SYNTHESIS

## - A Practical Primer -

J. Bhasker 저
곽 종 욱 역


ISBN : 0-9650391-5-3

Translated by HongReung Publishing Co.
Printed in Korea.

# 저자서문

이 책은 Verilog HDL의 RTL 합성에 대한 실질적이고 유용한 지침서이다. 또한, 이 책에는 합성 가능한 다양한 Verilog HDL 예제 코드가 소개되어 있다. 특히, 합성 시스템에 의해 지원되는 Verilog 구성자들에 대해 보다 더 자세히 소개하고 있다. 따라서 이 책에서 소개된 예제 코드들은 하드웨어 구성자로서 실제 작업 현장에서 직접 사용되기에 손색이 없다. 설계자의 설계 의도와 다르게 합성된 설계 모델의 기능적 불일치에 대해 그 원인을 자세히 설명하며, 이를 예방하기 위한 다양한 설계 권고 사항들을 소개한다.

Verilog HDL로 설계된 디자인 모델은 게이트 레벨의 네트리스트(netlist)에 대한 입출력으로 명세되며, 종종 합성 시스템은 이를 하나의 블랙박스와 같은 형태로 묘사하곤 한다. 설계를 위한 여러 접근 방법 가운데 이러한 블랙박스를 활용한 방식은 종종 신비감마저 불러일으킨다. 하지만 합성 시스템의 기능을 전적으로 이해하고 활용하기 위해서는 실질적 합성 과정에 있어서 어떠한 변환 작업들이 일어나는지 구체적으로 확인할 필요가 있다. 이 책의 목적은 하드웨어 설계 언어로 묘사된 프로그램이 합성 과정에서 어떻게 실질적 하드웨어 네트리스트로 변환되는가에 대한 블랙박스 내부를 자세히 묘사하기 위함에 있다.

종종 Verilog HDL로 언급되는 Verilog 하드웨어 설계 언어(Hardware Description Language)는 IEEE 표준 규약(IEEE Std 1364)이다. 하드웨어 설계 언어는 행위를 묘사하며, 순차적 혹은 병렬적 실행을 제어하며, 또한 그 구조를 표현하기도 한다. Verilog HDL은 구조적 단계(architectural level)에서 회로 단계(switch level)에 이르기까지 다양한 단계의 추상화된 설계 명세를 지원한다. 또한 계층적 설계를 지원하며,

기본 논리 게이트 뿐만 아니라 사용자가 직접 정의한 구성자와 그 외의 다양하고 방대한 내장 구성 요소를 포함한다. 시뮬레이션 단계에서는, 회로의 세부적인 동작 사항들이 Verilog 구성자들과 상호 연관되어 있기 때문에 Verilog HDL로 설계된 하드웨어 모델은 Verilog HDL 시뮬레이터를 통해 검증이 가능하다.

일반적으로 합성(synthesis)이란 다양한 사람들에게 있어서 다양한 의미로 사용된다. 이 책에서 저자는 Verilog HDL로 묘사된 회로의 합성에 대한 개념을 다음과 같이 사용할 것이다. 설계된 회로는 조합 회로 혹은 순차 회로를 묘사한다. 순차 회로의 경우 클록에 종속된 행위(behavior)가 명시적으로 설계 단계에서 묘사되어야 한다. 합성 과정은 이러한 Verilog HDL 모델을 게이트 레벨의 네트리스트로 변환시키는 절차이다. 이 책에서 사용되는 최종 네트리스트는 특정 구현 기술(target technology)에 독립적이라는 것을 가정한다. 즉 최종 네트리스트는 기본 논리 게이트와 함께 ALU, MUX, 비교기 등과 같은 기본 RTL 블록들로 구성되어진다. 합성의 이어지는 다음 단계인 기술적 변환(technology translation)과 모듈 결합(module binding)은 이 책에서 다루지 않는다.

합성과 관련된 서적을 저술한다는 것은 기술의 발전 속도를 고려할 때 쉽지 않은 작업이다. 따라서 이 책에서는 특정 기술에 종속적이지 않고, 항상 올바르게 받아들여질 수 있는 사항들에 대한 정보를 제공하는데 초점을 맞추었다. 실제 구현에 종속적인 사항들에 대해서는 모호함을 배제하기 위해 노력하였다. Verilog HDL의 문법적 다양성 때문에 하나의 동작을 묘사하기 위한 다양한 방법들이 존재한다. 이 책에서는 이를 지원하기 위해 합성 가능한 다수의 설계 모델을 소개하기도 한다. 또한, Verilog HDL은 시뮬레이션 언어로 제작되었기 때문에 모든 구성자들이 합성 가능한 것은 아니다. 따라서 이 책에서는 대다수 합성 시스템에서 지원되는 구성자들에 대해 중점적으로 소개하였다.

특정한 합성 시스템에 종속적인 설계 특성에 대한 설명은 이 책에서 제외하였다. 하지만, 구현 사례로 소개할 필요가 있다고 판단된 경우는 예외적으로 소개하였다.

주의 : 이 책에서 소개된 Verilog HDL 구성자들에 대해서, 모든 구성자들이 합성 시스템에 의해 지원되는 것은 아니다. 특정 구성자들에 대한 합성 시스템의 지원 여부를 보다 더 정확히 파악하기 위해서는 해당 합성 시스템의 관련 문서를 참조할 필요가 있다.

이 책의 독자들은 Verilog HDL에 대한 기본적인 지식을 가지고 있다고 가정한다. Verilog HDL의 문법적 기본 사항들은 이 책 저자의 또 다른 저서인 "A Verilog HDL Primer (Star Galaxy Press)"를 참고하기 바란다.

이 책은 전기·전자 공학자들, 특히 합성 과정의 동작에 대한 이해에 흥미를 가지는 사람들을 대상으로 한다. 이 책에서는 특정 합성 알고리즘의 동작을 설명하지는 않는다. 저자가 가지는 신념은, 합성의 결과로 생성되는 최종 결과물에 대한 올바른 이해가 효율적 설계 모델의 작성을 통해 생성된 합성 결과물의 품질을 직접적으로 조절할 수 있다는 것이다. 합성의 결과로 생성되는 설계 모델이 설계 방식, 즉 프로그램 방식에 크게 영향을 받기 때문이다.

이 책은 대학에서 Verilog HDL를 활용한 설계 교과목에 활용될 수 있다. 전기 및 전자 공학 관련 학과의 경우, VLSI/CAD 관련 교과 과정에서 사용될 수 있다. 학생들은 이 책을 통해 설계 모델을 작성하고, 이 책을 통해 소개된 설계 모델의 합성 결과를 확인할 수 있을 것이다. 합성 과정을 통해 진행되는 회로의 변환 과정에 대한 학습도 가능하다. 컴퓨터 공학 관련 학과의 경우, CAD를 활용한 알고리즘 설계 관련 교과에 있어서, 학생들은 간단한 형태의 Verilog HDL을 작성할 수 있을 것이며, 이를 통해 합성된 네트리스트를 확인할 수 있을 것이다. 이 책에서 소개된 사례들은 최종적으로 생성된 네트리스트의 이해를 위한 예제로 활용될 수 있다.

산업체 전문가들의 경우, 이 책을 통해 매우 유용한 정보를 얻을 수 있을 것이다. 많은 설계 예제 모델과 합성의 결과 회로를 통해 그들은 특별한 흥미를 가질 수 있는 페이지를 발견할 것이며 해당 사례를 깊이 있게 받아드릴 것이다.

## Book Organization

1장은 합성의 기본 과정을 설명한다. 특히, 물리적 연결 매체로서의 선(wire)과 플립플롭과 같은 기본 메모리 구성자들에 대해 설명하며, 설계 객체의 크기를 결정하기 위한 사항들을 소개한다.

2장은 Verilog HDL 구성자들이 어떻게 논리 게이트로 변환되는가에 대해 설명한다. 조합 회로에 대한 다양한 사례를 소개하며, Verilog HDL의 기본 구성자들이 어떻게 게이트 및 연결자들로 변환되는지 설명한다. 순차 회로에 대한 모델링 기법도 비동기 preset과 clear, 동기 preset과 clear, 다중 클록, 다중 단계 클록들과 함께 소개된다.

사전 설계된 디자인 모듈을 사용해야 할 필요가 있는 경우도 발생한다. 2장에서는 행위적 설계 모델의 일부 부분 구조를 모델링하기 위한 구조적 설계 기법에 대한 설명도 포함된다.

3장은 Verilog HDL 구성자들을 하드웨어 요소를 모델링하기 위해 어떻게 이들을 종

합적으로 사용할 수 있는지를 설명한다. 2장에서는 Verilog HDL이 논리 게이트로 변환되기 위한 일련의 사상(mapping)들에 대한 설명에 초점을 두지만, 3장에서는 반대의 시나리오를 다룬다. 즉 합성을 위해 Verilog HDL에서 하드웨어 요소를 모델링하기 위한 방법에 대해 설명한다. 일반적으로 사용될 수 있는 다양한 하드웨어 요소들에 대한 정교한 사례들이 제시되어 있다.

4장은 Verilog HDL로 설계된 회로의 최종 품질을 높이기 위해 활용될 수 있는 다양하면서도 강력한 기법들에 대해 설명한다. 4장에서 소개되는 최적화 기법들은 합성시스템에 의해 자동적으로 실행될 수도 있으며, 그렇지 않을 경우, 보다 더 우수한 회로의 생성을 위해 설계자가 직접 처리할 수도 있다.

Verilog HDL로 합성이 진행될 경우, 설계 모델의 입력값과 함께 합성된 네트리스트의 유효성을 검사하는 과정이 필요하다. 5장에서는 합성 결과를 검증하기 위해 사용되어 질 수 있는 테스트벤치 작성 기법에 대해 다룬다. Verilog HDL은 합성 언어로 제작된 것이 아니기 때문에 설계 모델과 합성결과로 생성된 네트리스트 사이에 기능적 불일치가 발생할 수 있다. 5장에서는 이러한 기능적 불일치를 야기시키는 대표적인 사례들을 소개한다.

합성 시스템들에서 일반적으로 지원 가능한 Verilog HDL의 구성자들을 소개하기 위해서, ArchSyn 합성 시스템에 의해 지원 가능한 구성자들을 Appendix A에서 소개한다. 하지만, 이러한 구성자들은 특정 합성 시스템에 종속적일 수 있음을 유의해야 한다.

Appendix B에서는 합성의 결과로 생성되는 네트리스트 가운데 이 책에서 사용되는 논리 게이트들에 대해 설명한다.

합성의 결과로 이 책에서 소개된 네트리스트들은 최적의 네트리스트가 아니다. 따라서 소개된 합성 회로가 보다 더 최적화 될 수 있음을 유의해야 한다. Verilog HDL이 그에 대응하는 논리 게이트들로 어떻게 변환이 이루어지는가에 이 책의 초점이 맞추어져 있으며, 회로의 최적화에 중점을 두고 있지 않기 때문이다. 몇몇 회로들은 이 책의 설계 회로도로 소개되기 위해 의도적으로 최적화 과정을 진행하였다.

## Conventions

설계자(designer)라는 표현이 이 책의 여러 곳에서 사용되었다. 저자는 이 용어가 일반적인 의미로 해석되기를 희망하며, 이 책을 읽는 독자들을 의미한다고 봐도 무방하다. 또한, 합성 도구(Synthesis Tool) 혹은 합성 시스템(Synthesis System)은 이 책에서 상호 혼용될 수 있다. 이 두 용어는 모두 Verilog 모델을 게이트 레벨의 네트리스트로 변환시키는 프로그램으로 인식될 수 있다.

이 책에서 소개된 Verilog HDL의 모든 예약어들은 고딕체로 표기되었다. 때때로 생략 기호 ( ... )를 Verilog HDL의 코드 상에서 발견할 수 있는데, 이는 해당 부분이 주어진 코드에서 설명하고자하는 논점과 관련이 없기 때문에 의도적으로 생략된 것이다. `if`와 `and` 같은 몇몇 단어들은 Courier 체로 표기되었는데 이는 해당 단어의 영어 자체로의 의미가 아닌 Verilog HDL 내에서의 특수한 의미를 강조하기 위함이다.

이 책에서 소개된 모든 예제들은 ArchSyn 합성 시스템에 의해 합성되었다. 합성된 네트리스트에서 사용되는 논리 게이트들은 Appendix B에 정리되어 있다.


## Acknowledgements

이 책의 교정에 있어서, 바쁜 일정에도 불구하고 원고를 검토해 주시고 많은 건설적인 제안을 해 주신 다음 분들의 시간과 노고에 깊은 감사의 뜻을 전한다.

- Cliff Cummings from Sunburst Design
- Joe Pick from Synopsys
- Doug Smith from VeriBest
- Egbert Molenkamp from University of Twente, the Netherlands
- Carlos Roman, Jenjen Tiao, Jong Lee and Sriram Tyagarajan from Bell Labs, Lucent Technologies
- Jim Vellenga and Ambar Sarkar from Viewlogic Systems

특히 나의 일반적인 업무와 별도로 이 책을 저술하기 위해 추가적으로 노력을 기울일 때 나를 적극적으로 격려해 준 Hao Nham에게 감사의 뜻을 전한다.

이 책 이외의 나의 다른 도서들에서도 마찬가지이지만, 항상 나에게 기쁨과 즐거움을 선사해준 나의 가족들, 나의 아내 Geetha, 두 아이들 Arvind와 Vinay에게 깊은 감사의 마음을 전한다.

J. Bhasker

# 역자서문

하드웨어를 설계하기 위한 프로그래밍 언어인 HDL(Hardware Description Language)은 일반 여타의 소프트웨어 프로그래밍 언어와는 다른 관점에서 접근되어야 한다. 두 가지 서로 다른 대상을 목표로 하는 프로그래밍 언어는 최종 결과물 측면에서도 확연히 차이가 나는 만큼 프로그래밍 방법론 측면에서도 상당한 차이를 가지기 때문이다.

이 책은 VHDL과 더불어 대중적으로 널리 사용되는 Verilog를 활용한 하드웨어 설계 방법을 다룬다. Verilog는 그 기능적 측면에 있어서, 프로그래밍 능력은 VHDL과 동일하면서 전체적으로 프로그램의 라인수와 가독성 측면에서 보다 더 우수하다고 할 수 있다. 실제 대학교에서는 VLSI/CAD 및 IC 설계 관련 교과에서 HDL과 관련된 내용을 다루는 것이 필수라 할 수 있다. 설계 회로의 복잡도가 점차 증가하면서 단순 CAD 툴을 활용한 도면적 설계로는 일정 수준 이상의 복잡도를 가지는 회로의 설계가 사실상 불가능하기 때문이다. HDL을 다루는 교과목의 필요성은 이와 같이 자명하지만, 학계에서는 여전히 관련 교과의 경우 대부분 VHDL을 활용한 수업이 많이 진행되고 있음을 발견할 수 있다. 하지만 실제 산업 현장에서는 대기업을 필두로 Verilog가 보다 더 적극적으로 활용되고 있는 실정이다.

역자는 이 책을 통해서 보다 더 많은 공학자들과 공학 입문자들이 Verilog HDL에 쉽고 친숙하게 다가가기를 희망한다. 특히 유의해야 할 점은, 이 책이 기존에 다양하게 존재하는 Verilog HDL의 문법을 설명하는 여타의 도서들과는 그 목적을 달리 한다는 것이다. 따라서 언어 자체의 문법적 배경 지식이 부족한 독자들은 기초적인 문법 지식을 습득한 후 이 책을 접하는 것이 많은 도움이 될 것이다. 하지만 여타의 모든 프로그래밍 언어의 학습 방법이 그러하듯, 언어 자체의 문법적 내용 습득에 치우쳐진 학습 방식에 매진하기보다, 가벼운 마음으로 이 책을 읽어 나가다 보면 어느 순간 기본적인 Verilog HDL의 프로그래밍 문법을 습득한 자기 자신을 발견할 수 있을 것이다. 이 책이 Verilog HDL의 기본적인 문법 사항들도 포함하고 있기 때문이다.

이 책은 Verilog HDL을 활용한 효율적인 프로그래밍 방법을 다룬다. 이 때 "효율적이다"는 의미는 하드웨어 고유의 칩 크기와 연관되는 공간 복잡도 측면과 동작 속도와 연관되는 시간 복잡도 측면을 함께 포함하여 "효율적이다"라는 뜻이다. 보다 더 작고, 보다 더 빠른 IC 칩의 설계는 하드웨어 측면에서 설계의 중요한 기본 요건이다. 이 책은 이와 같은 내용을 다룬다. 이 책에서 소개되는 방대한 예제 코드들은 실제 작업 현장에서 별다른 수정 없이 사용되기에 전혀 무리가 없으며, 특히 이 책은 설계된 모델을 그에 대응하는 네트리스트(netlist)로 변환하는 합성 과정(synthesis)에서 이를 최적화하기 위한 여러 기술들을 소개한다. 이 책에서 소개하는 다양한 합성 최적화 기술들은 이미 Verilog HDL을 다루는 산업체 전문가들에게도 매우 유용한 정보로 다가 갈 것이다. 특히, 게이트 수를 줄이기 위한 다양한 프로그래밍 최적화 기법과 불필요한 래치의 생성 방지 및 이를 제어하기 위한 HDL 프로그래밍 기술, 그리고 설계된 회로의 유효성을 확인하기 위한 다양한 검증 기법들은 전문가들일수록 더욱 흥미롭게 받아드릴 것이라 확신한다.

끝으로 이 책이 출판될 수 있도록 도와주신 홍릉과학출판사 관계자 분들에게 감사를 드린다.

2010년 여름

곽 종 욱

# 차 례

## CHAPTER 3 MODELING EXAMPLES ··· 111

## CHAPTER 4 MODEL OPTIMIZATIONS … 161



## CHAPTER 5 VERIFICATION … 177

# BASICS

CHAPTER 1

Verilog HDL은 게이트(gate) 레벨과 RTL(Register Transfer Level) 레벨뿐만 아니라 알고리즘(algorithm)[1] 레벨까지도 표현 가능한 하드웨어 설계 언어(HDL, Hardware Description Language)이다. 이 같은 Verilog HDL의 특성과 함께, Verilog HDL로 표현되어진 프로그램은 "합성"이라는 일련의 비교적 복잡한 과정을 거쳐 최종적인 논리 게이트로 변환된다.

이 장에서는 Verilog HDL로 설계된 프로그래밍 결과물이 그에 대응하는 일련의 논리 게이트로 변환되는 과정에서 고려해야 하는 기본적인 사항들에 대해 설명한다.

## 1.1 합성이란 무엇인가?

합성(synthesis)이란 Verilog HDL로 묘사된 RTL 모델로부터 게이트 레벨의 네트리스트(netlist)를 구성해 나가는 일련의 과정을 의미한다[2]. 그림 1-1에 합성의 과정이 소개되어 있다. 합성은 물리적 선(wire)에 의해 상호 연결되는, 플립플롭(flip-flop), ALU (Arithmetic Logic Unit), 멀티플렉서(multiplexer) 등으로 구성될 수 있는 RTL 레벨

1) Algorithm에 대한 표기 및 발음에 대한 여러 가지 의견이 있으나, 이 책에서의 번역은 알고리즘으로 한다.

2) 이 책에서 사용하는 합성의 정의이다. 하지만, 일반적인 합성의 정의로 사용되기에 무리가 없다.

의 기본 블록들로부터 네트리스트를 생성해 나가는 중간 과정이라 할 수도 있다. 이러한 경우는 RTL 모듈 생성자(RTL module builder)라 불리는 또 다른 설계 시스템이 필요하다. RTL 모듈 생성자는 미리 정의된 구성자(predefined component)로부터 그에 대응하는 대상 구현 기술의 라이브러리(target technology library)를 구성하기 위해 사용된다.

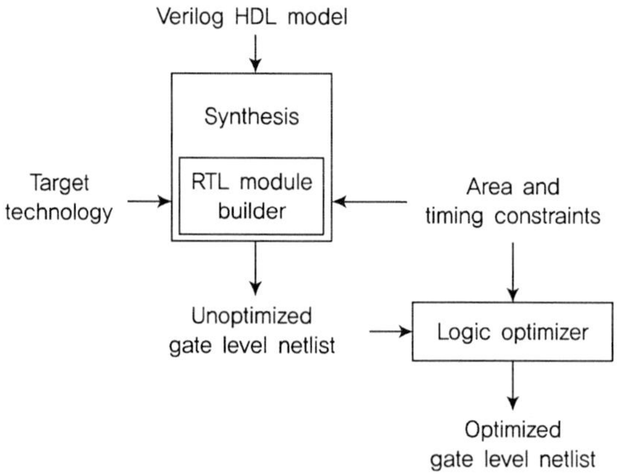


| 그림 1-1 | 합성의 과정

게이트 레벨의 네트리스트를 생성한 후, 논리 최적화기(logic optimizer)가 해당 네트리스트를 읽어 들인다. 이 과정을 통해 사용자가 정의한 다양한 공간 및 시간 제약요소(area and timing constraints)들을 추가적으로 고려하여 보다 더 최적화된 회로를 생성시킨다. 사용자가 정의한 공간 및 시간 제약요소들은 RTL 모듈 생성자에 의해 보다 더 적합한 RTL 블록의 선택을 위해서도 사용될 수 있다.

이 책에서는 최종 네트리스트를 게이트 레벨로 가정하며, 합성 과정에서 사용되는 기본적인 논리 게이트들은 책 후반의 Appendix B에 제시된 것을 사용한다.

그림 1-2는 Verilog HDL의 기본 요소들과 하드웨어적으로 구현되는 기본 구성 요소들을 보여준다. 합성 시스템은 Verilog HDL의 기본 요소들로부터 그에 대응하는 하드웨어 기본 요소로의 변환 기법을 제공하여야 한다. 이와 같은 단계에서 고려해야 할 사항들은 다음과 같다.

- 자료형(data type)들은 어떻게 하드웨어로 변환되는가?
- 상수(constant)들은 어떻게 논리값들로 변환되는가?
- 문장(statement)들은 어떻게 하드웨어로 변환되는가?

다음 절에서는 이러한 변환 기법에 대해 보다 더 자세하게 알아본다.

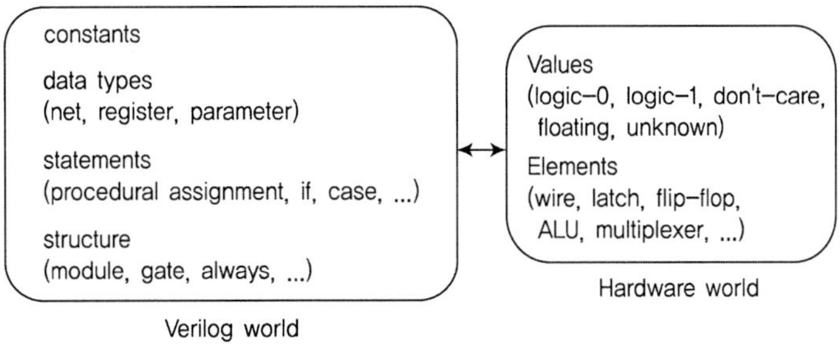


| 그림 1-2 | 합성의 두 영역

## 1.2 설계과정에서의 합성

Verilog HDL은 설계자로 하여금 여러 레벨의 추상화(abstraction)를 가능하게 하는 하드웨어 설계 언어이다. 이때 각 레벨은, 게이트 레벨, RTL 레벨, 행위적(behavioral) 레벨 그리고 알고리즘 레벨 등을 의미한다. 따라서 동일한 하나의 최종 설계 회로가 여러 레벨로 다양하게 묘사될 수 있다. 하지만, Verilog HDL로 설계된 명세가 모두 합성 가능한 것은 아니다. 이는 Verilog HDL이 기본적으로 합성 목적의 언어가 아닌 시뮬레이션(simulation) 목적의 언어로 설계되었기 때문이다. 따라서 하드웨어적으로 아무런 의미를 가지지 못하는, 그리고 합성 시스템에 의해 지원되지 못하는 여러 가지 Verilog HDL의 구성자(construct)들이 존재 한다. 가령, **$display** 시스템 콜(system call)이 그에 해당하는 사례이다. 또한 RTL 레벨로의 합성을 위한 표준화된 Verilog HDL 모델링 방법도 프로그래밍 언어 관점에서는 지원되지 않는다.

이와 같은 Verilog HDL의 특성으로 인해, 서로 다른 Verilog HDL의 모델링을 지원하는 서로 다른 Verilog HDL 합성 시스템들이 존재한다. 가령, 특정한 래치(latch) 혹은 플립플롭을 의미하는 Verilog HDL의 유일한 설계 방법 및 그로 인한 최종 설계 대상이 없기 때문에, 각각의 합성 시스템들은 이를 묘사하기 위한 서로 다른 기법들을 제공한다. 따라서 각각의 합성 시스템들은 그들 고유의 모델링 스타일을 포함하는 고유의 Verilog HDL의 모델링 개념을 정의한다.

그림 1-3은 동일한 회로를 설계함에 있어서, 다양하게 존재할 수 있는 Verilog HDL의 모델링 스타일을 보여준다. 가령, 특정 합성 시스템은 스타일 A와 스타일 B를 지원할 수 있으나, 반대로 스타일 C는 지원하지 못할 수 있다. 이는 서로 다른 합성 시스

템들 상호간에 이식성(portability)이 결여될 수 있다는 것을 의미한다. 극단적으로 스타일 D는 어떠한 합성 시스템에 의해서도 지원되지 못할 수 있다.

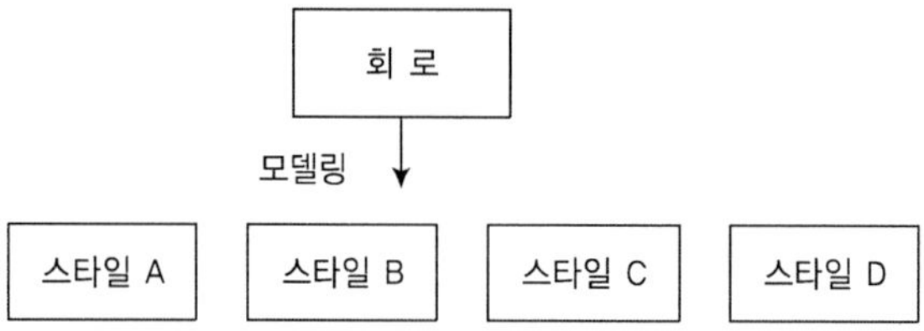


| 그림 1-3 | 같은 회로에 대한 서로 다른 명세 스타일

이러한 Verilog HDL의 제약점이 설계자로 하여금 Verilog HDL에 대한 언어 자체적인 이해와 함께, 합성과 연관된 하드웨어 종속적인 사항까지도 실질적인 합성이 이루어지기 전에 미리 이해하기를 요구한다. 그림 1-4에 전형적인 Verilog HDL의 설계 과정이 소개되어 있다. 다만, 이러한 설계 과정은 설계 모델의 최종 합성을 항상 염두에 두는 것은 아니다.

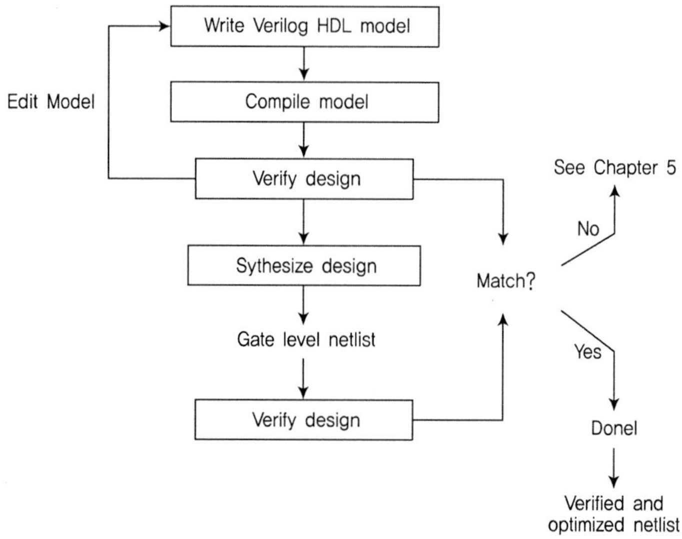


| 그림 1-4 | 전형적인 설계 과정

합성을 고려하지 않고 단지 시뮬레이션만을 위한 Verilog HDL의 모델링이라면 큰 문제가 되지 않는다. 하지만 최종적인 합성을 위한 설계라면, 그림 1-4와 같은 설계

과정은 다음과 같은 문제를 야기한다. Verilog HDL을 활용한 시스템 설계가 최종적인 합성 결과에 대한 지식 없이 모델링 되었을 경우, 실질적인 합성 과정을 거치면서 설계자가 비로소 합성 종속적인 하드웨어 설계 제약 요소들을 뒤늦게 파악할 수 있다. 이는 경우에 따라 합성 종속적인 사항을 뒤늦게 반영하여 설계 모델을 자주 변경해야 하는 경우를 야기시킨다. 따라서 "Write Verilog HDL Model" → "Compile Model" → "Verify Model" → "Edit Model"의 설계 과정을 재차 반복해야 하며, 이는 많은 설계 시간을 요구하게 된다. 이와 같은 설계 방법 대신 그림 1-5에 소개된 바와 같이, HDL 합성 방법 검증기(synthesis methodology checker)를 설계 과정에 포함시켜 이를 개선할 수 있다. 이 방법은 설계 모델의 올바른 합성을 보장하기 위해 HDL 합성 방법 검증기가 추가적으로 사용된다. 중요한 사실은, 이 같은 HDL 합성 방법 검증기가 합성 과정의 앞 단계에서 수행이 완료 되어야 한다는 것이다. 이 같은 방법으로 합성 결과가 검증되고 난 후, 검증된 합성 가능 모델이 도출되게 된다.

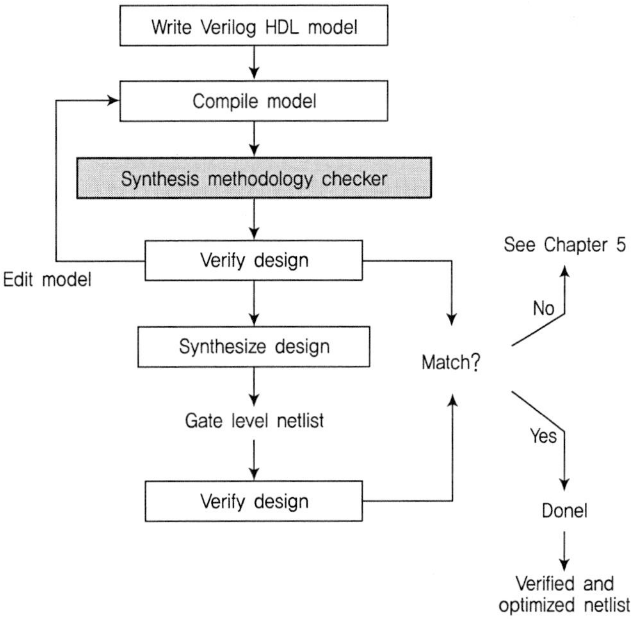


| 그림 1-5 | 새로운 설계 과정

## 1.3 논리값 시스템

하드웨어의 설계를 위해 일반적으로 사용되는 논리값(logic value)들은 다음과 같다.

- logic−0
- logic−1
- high−impedance
- don't care
- unknown

제시된 모든 논리값들은, don't−care 값을 제외하고, Verilog HDL에 의해 명시적으로 정의되어 있다. 합성 시스템은 don't−care 변수에 특정 값을 할당할 경우 이를 x 값으로 취급하게 된다. 다음은 Verilog HDL의 값과 이에 대응하는 하드웨어 논리값들의 관계를 설명한다.

- 0 ↔ logic−0
- 1 ↔ logic−1
- z ↔ high−impedance
- z ↔ don't−care (casex와 casez 문장의 경우)
- x ↔ don't care
- x ↔ unknown

## 1.4 비트 폭(Bit−Widths)

### 1.4.1 자료형

Verilog HDL에서의 변수(variable)는 다음의 두 가지 자료형 가운데 하나에 속하게 된다.

1) net data type

2) register data type

## Net Data Type

net의 크기는 net 데이터의 선언 과정에서 명시적으로 정의된다.

```
wire [4:0] Dak;          // A 5-bit wire net.
wor Ax;                  // 1-bit wor net.
```

크기에 대한 명시적인 정의가 선언 과정에서 이루어지지 않은 경우는 1 비트 크기의 기본값(default value)을 가지게 된다.

다음은 합성 과정에서 Verilog HDL이 지원하는 서로 다른 종류의 net 자료형(data type)이다.

```
wire    wor    wand    tri    supply0    supply1
```

주어진 자료형 가운데 wire net은 가장 흔하게 사용되는 net 자료형이다. 한편, 여러 개의 소스(source)로부터 결과값이 도출(drive)되는 wire net이 존재한다면, 해당 driver에 대한 출력값은 단락(short)된다. 다음의 예제를 살펴보자.

```
module WireExample (BpW, Error, Wait, Valid, Clear);
  input Error, Wait, Valid, Clear;
  output BpW;
  wire BpW;
  assign BpW = Error & Wait;
  assign BpW = Valid | Clear;
endmodule
// Synthesized netlist is shown in Figure 1-6
```

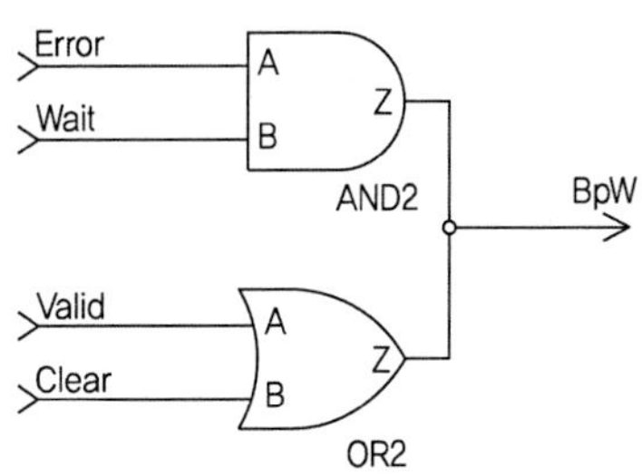


| 그림 1-6 | wire net에 대한 다중 driver

일반적으로 다중 driver에 대한 문제를 해결하기 위해 wor net과 wand net이 사용된다. 이들은 각각 논리합(logic-or) 연산과 논리곱(logic-and) 연산의 수행을 통해 최종 출력 논리값을 결정한다. 실제 합성에 있어서 다중 driver는 **or** 게이트 혹은 **and** 게이트들로 구성된다. 아래에 이와 같은 효과를 보여주는 예제가 제시되어 있다.

```
module UserGates (BpW, BpR, Error, Wait, Clear);
  input Error, Wait, Clear;
  output BpW, BpR;
  wor BpW;
  wand BpR;

  assign BpW = Error & Wait;
  assign BpW = Valid | Clear;

  assign BpR = Error ^ Valid;
  assign BpR = ! Clear;
endmodule
// Synthesized netlist is shown in Figure 1-7
```

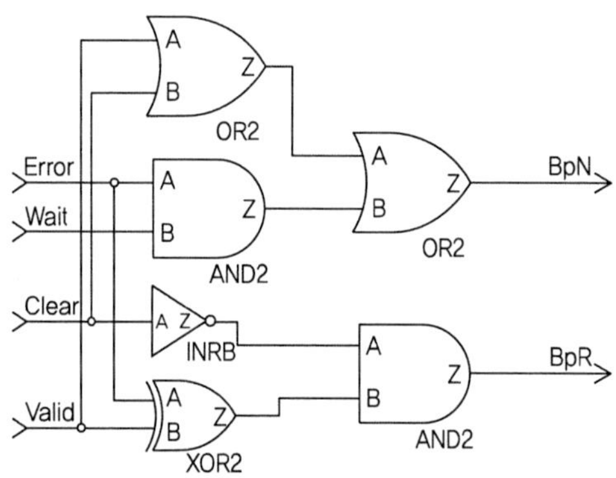


| 그림 1-7 | 다중 driver를 가지는 wand net과 wor net

또 다른 net 자료형인 tri net의 합성은 wire net에서의 합성과 동일하게 취급된다.

끝으로, supply0 net은 logic-0의 값이 영속적으로 연결되는 회로를 합성해 내며, supply1은 logic-1의 값이 영속적으로 연결되는 회로를 합성해 낸다.

- Register Data Type

합성과정에서 지원되는 서로 다른 register[3] data type은 다음과 같다.

```
reg  integer
```

reg 선언은 명시적으로 그 크기와 함께 명세된다. 즉 하드웨어적으로 필요한 비트수와 함께 선언된다. 예를 들면 다음과 같다.

```
reg [1:25] Cpt;            // 25-bit variable.
reg Bxr;                   // 1-bit variable.
```

reg 선언에 있어서 크기에 대한 명시적인 선언이 없는 경우는 기본값으로 1 비트를 사용하게 된다.

integer 자료형의 경우, 최대 크기는 32비트이며 2의 보수(2's complement) 형태를 가정한다. 간혹, 합성 시스템에 따라 integer 변수의 최대 크기를 도출하기 위해 자료 흐름적 분석(data flow analysis)을 활용하기도 한다. 예를 들면 다음과 같다.

```
wire [1:5] Brq, Rbu;
integer Arb;
. . .
Arb = Brq + Rbu;
```

주어진 예제에서, *Arb*의 크기는 6 비트로 결정된다. 가산기(adder)의 크기도 6 비트로 충분하다. 최좌측 비트는 carry 비트로 사용된다.

Register 자료형 가운데 time과 real은 합성 과정에 있어서 지원되지 않는다(not supported).

## 1.4.2 상수

Verilog HDL에서는 3가지 종류의 상수(constant)가 존재한다. 각각은 integer, real 그리고 string이다. 이 가운데 real과 string은 합성 과정에서 지원되지 않는다.

---

3) Register 변수는 하드웨어적으로 항상 플립플롭의 형태를 가지는 것은 아니다.

integer 상수는 다음과 같은 두 가지 형태 중 하나로 묘사된다.

1) simple decimal

2) base format

정수가 simple decimal 형태로 표현될 경우, 이는 부호를 가지는 숫자(signed number)로 해석된다. 정수는 합성 과정에서 32비트 크기의 2의 보수로 표현된다. 한편, 정수가 base format 형태로 표현될 경우, 이는 부호가 없는 숫자(unsigned number) 형태로 처리된다. 정수의 크기가 명시적으로 선언된 경우는, 명시된 크기가 해당 정수의 비트수이다. 명시되지 않았다면 32비트가 사용된다. 다음에 이에 대한 예제가 소개되어 있다.

```
30      Signed number, 32 bits
-2      Signed number, 32 bits in 2's complement
2'b10   Size of 2 bits
6'd-4   6-bit unsigned number (-4 is represented in
           2's complement using 6 bits)
'd-10   32-bit unsigned number (-10 is represented in
           2's complement using 32 bits)
```

### 1.4.3 인자

인자(parameter)는 이름을 가지는 상수이다. 인자의 명세에 있어서는 크기를 명시하지 않기 때문에, 인자의 크기는 변수의 크기와 동일하다.

```
parameter RED = -1, GREEN = 2;
parameter READY = 2'b01, BUSY = 2'b11, EXIT = 2'b10;
```

주어진 예제에서 *RED* 와 *GREEN* 은 둘 다 32비트의 부호형 상수이다. *READY*, *BUSY* 그리고 *EXIT* 은 2비트 크기의 인자이다.

## 1.5 하드웨어 모델에서의 값 저장자

하드웨어 모델에서의 값 저장자(value holder)는 다음과 같다.

- wire
- flip-flop (an edge-triggered storage element)
- latch (a leve-sensitive storage element)

Verilog HDL에서의 변수는 net 형태이거나 register 형태이다. 합성 과정에 있어서 net 형태의 변수들은 wire로 변환되며, register 형태의 변수들은 해당 변수에 값이 할당되는 상황에 따라 wire 혹은 저장 공간을 위한 구성자, 가령 래치 혹은 플립플롭, 형태로 변환된다. register 형태의 변수에 대해 보다 더 자세하게 살펴보자.

Verilog HDL에서 register 변수는 전체 시뮬레이션 과정 동안 해당 값을 계속 유지하고 있다. 이는 register 변수가 메모리 요소(storage element)라는 것을 의미한다. 하지만 이는 합성 관점에서 보았을 때 너무 폭 넓은 의미이다. 합성 과정에서 임시 기억장소 공간으로 사용되지만 메모리 요소일 필요는 없는 다음 예제를 살펴보자.

```
wire Acr, Bar, Fra;          // A wire is a net type.
reg Trq, Sqp;                // A reg is a register type.
. . .
always @ (Bar or Acr or Fra)
begin4)
  Trq = Bar & Acr;
  Sqp = Trq | Fra;
end
```

주어진 예제의 register 변수 *Trq*는 첫 문장에서 그 값이 할당되었다. 그 후, 두 번째 문장의 우변(right-hand-side)에서 해당 값은 바로 사용된다. Verilog HDL의 문맥(semantic)은 *Trq*가 할당된 그 값을 시뮬레이션의 전 과정에 걸쳐 계속 유지하는 것으로 파악한다. 하지만 하드웨어 관점에서 보았을 경우, 이 값은 시뮬레이션의 전 과정에서 그 값을 유지하고 있을 필요가 없다. 값이 할당됨과 동시에 바로 사용되었기 때문이다. 주어진 Verilog HDL 예제에 대한 합성 결과 회로가 그림 1-8에 제시되어 있다.

---

4) **begin ... end**는 순차적 블록(sequence block)이다. 즉 모든 문장들은 제시된 순서대로 수행된다.

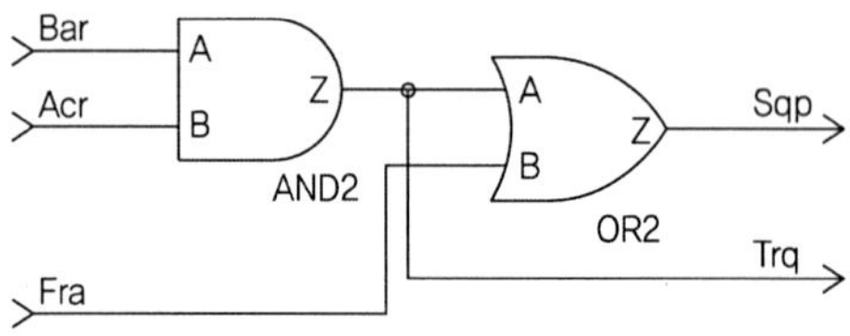


| 그림 1-8 |　wire 형태로 합선된 *Trq*

또 다른 예제를 살펴보자. 이 경우에 있어서 *Trq*는 그 값이 할당되기 전에 사용되었다.

```
wire Acr, Bar, Fra;
reg Trq, Sqp;
. . .
always @ (Bar or Acr or Fra)
begin
   Sqp = Trq | Fra;
   Trq = Bar & Acr;
end
```

주어진 예제는 always 문장을 포함하고 있다. Verilog HDL에서 always 문장의 의미는 명확하다. *Bar*, *Acr* 혹은 *Fra*의 값에 어떠한 변화가 발생할 경우[5], 주어진 always 문장은 실행된다. 한편, *Trq*는 해당 값이 할당되기 이전에 그 값이 사용되었기 때문에, 주어진 변수 *Trq*는 다음의 반복 실행을 위하여 그 이전 값을 유지하고 있어야 한다. 이는 *Trq*가 값의 저장을 위한 메모리 요소여야 함을 의미한다. 하지만 주어진 예제에서 *Trq*에 대한 래치가 어떻게 생성되었는가에 대한 의미는 명확하지 않다. *Trq*가 특정한 조건의 제어를 통해 값이 할당되지 않았기 때문이다. 합성 시스템은 이러한 경우 래치를 생성하지 않고, 그림 1-9와 같은 회로를 생성할 수도 있다. 변수 *Trq*는 그림 1-9에서 wire 형태로 합성되었다. 이러한 상황은 설계자가 의도했을 수도 있고 그렇지 않을 수도 있다. 이러한 Verilog HDL의 설계 모델과 합성되는 네트리스트 사이의 기능적 불일치(functionality mismatch)를 피하기 위한 바람직한 Verilog HDL 모델링 방법은 *Trq*를 always 문장의 event list에 포함시키라는 것이다. 이와 관련된 보다 더 자세한 내용들은 5장에서 상세히 다룬다.

5) 해당 변수를 event-list라 부른다.

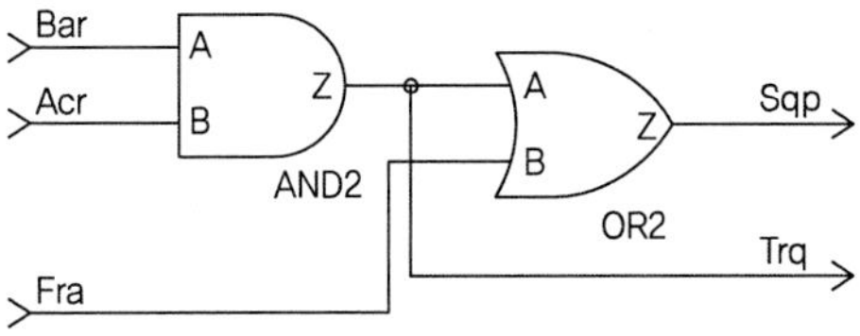


| 그림 1-9 |  래치 없이 묘사된 *Trq*

다음은 래치를 생성시키는 변수의 사용 예제이다.

```
wire Sat, Ant;
reg Fox, Sout;
. . .
always @ (Sat or Ant)
begin
  if (! Sat)
    Fox = Ant;

  Sout = ! Fox;
end
```

주어진 예제에 있어서 if 문장은 else 분기를 포함하고 있지 않다. 이로 인해 변수 *Fox*는 조건 문장의 else 분기에서 그 값이 할당되지 않았다. 따라서 *Fox* 변수에 대한 래치가 생성된다. *Sat* 변수의 값이 참인 경우에 대한 결과값을 확보해야 하기 때문이다. 그림 1-10은 합성 결과로 생성된 회로이다.

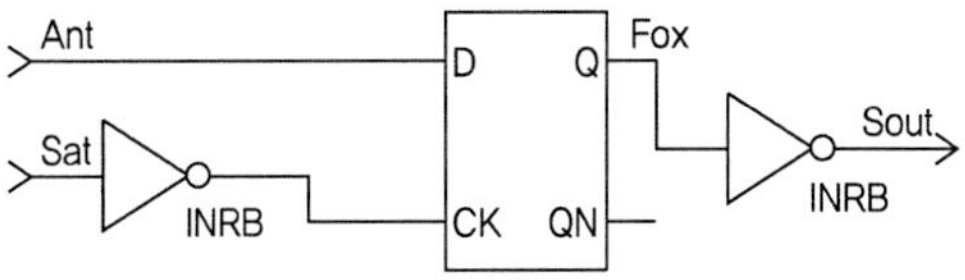


| 그림 1-10 |  래치 형태로 묘사된 변수 *Fox*

"플립플롭이 어떻게 생성되는가"의 문제는 Verilog HDL의 모델링 스타일과 변수에 값이 할당되는 프로그램 문맥에 따라 서로 다를 수 있다. 다음 절에서는 래치 혹은 플립플롭을 생성시키는 보다 더 다양한 예제들을 소개할 것이다. Verilog HDL에서의 메

모리 구성요소들은 이와 같은 래치나 플립플롭의 연속적 나열인 배열(array) 형태로 설계된다.

❏

# VERILOG CONSTRUCTS TO GATES

CHAPTER 2

이전 장에서 우리는 Verilog HDL의 각 자료형과 상수들에 대해 살펴보았다. 또한 이들의 Verilog HDL 명세와 각각의 하드웨어 변환에 대해 설명하였다. 이번 장에서는 Verilog HDL의 문장(statement)에 대한 하드웨어적 변환에 대해 설명한다. 또한 연산자(operator), 수식(expression), 그리고 할당 문장(assignment statement)등이 어떻게 하드웨어적으로 변환되는지 설명한다. 본서에서는 가독성(readability)과 이해도를 높이기 위해, Verilog HDL의 표준 설명서(cookbook)에 소개된 코딩 형태를 따라 예제를 제시한다. 단, 이 책의 합성 결과로 소개된 네트리스트들은 회로의 최적화 과정까지 포함하지는 않기 때문에, 주어진 회로가 최소한의 하드웨어로 구현되었다는 것을 의미하지는 않는다.

## 2.1 연속 할당 문장

연속 할당 문장(continuous assignment statement)은 할당문의 좌변(left-hand-side)에 존재하는 net에 우변으로부터 생성된 논리값을 대입하는 문장이다. 연속 할당 문장의 대상(tartget)은 항상 조합 논리 회로(combinational logic circuit)의 net 출력이다.

다음의 예제를 살펴보자.

```
module Continuous (StatIn, StatOut)
  input StatIn;
  output StatOut;

  assign StatOut = ~ StatIn; // Continuous assignment.
endmodule
// Synthesized netlist is shown in Figure 2-1.
```

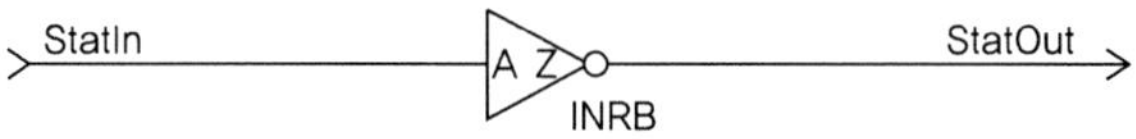


| 그림 2-1 | 연속 할당 문장을 활용하는 조합 회로

주어진 연속 할당 문장은 *StatIn*으로 대입된 입력을 *StatOut*으로 출력하는 인버터(inverter)의 구현 문장이다. 이때, 연속 할당 문장 내에 명시된 일련의 지연값들은 일반적으로 합성 시스템에서 무시된다. 다음의 예제에서와 같이 지연값 #2는 합성 과정에서 무시된다.

```
assign #2 EffectiveAB = DriverA | DriverB;
```

## 2.2 절차적 할당 문장

절차적 할당 문장(procedural assignment statement)은 할당문의 좌변에 존재하는 변수(variable)에 우변으로부터 생성된 논리값을 대입하는 문장이다. 이때, 절차적 할당 문장은 항상 always 문장 내부에서 사용된다는 사실을 유의하여야 한다[1].

절차적 할당 문장에는 크게 다음과 같은 두 가지 종류가 있다.

1) Blocking

2) Non-blocking

1) 절차적 할당 문장은 always 문장 이외에 initial 문장에서도 사용될 수 있다. 하지만 initial 문장은 합성 과정에서 지원되지 않는다.

### 2.2.1 Blocking 절차적 할당

다음 예제는 blocking 절차적 할당 문장이다.

```
module Blocking (Preset, Count);
  input [0:2] Preset;
  output [3:0] Count;
  reg [3:0] Count;

  always @ (Preset)
    Count = Preset + 1;
    // Blocking procedural assignment.
endmodule
//Synthesized netlist is shown in Figure 2-2.
```

주어진 blocking 절차적 할당 문장은 *Preset*과 정수 1을 입력으로 받아들여 이를 변수 *Count*에 대입하는 가산기(adder)의 구현이다.

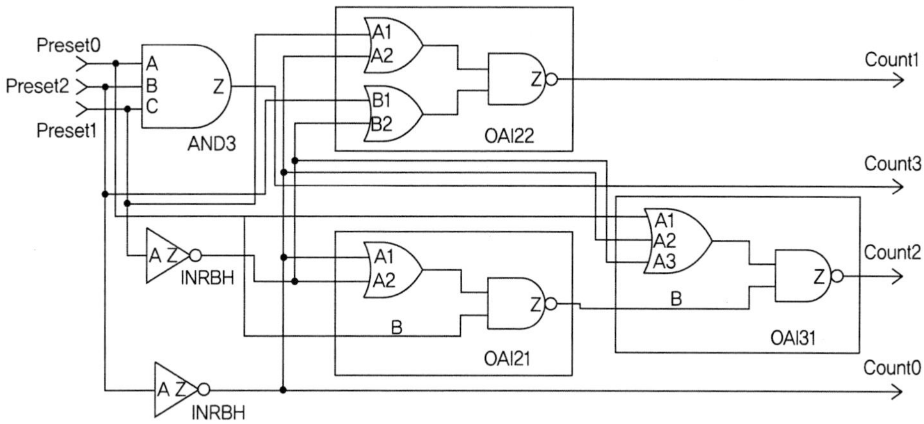


| 그림 2-2 | 절차적 할당 문장과 조합 회로

### 2.2.2 Non-blocking 절차적 할당

다음은 non-blocking 절차적 할당 문장의 예를 보여준다.

```
module NonBlocking (RegA, Mask, RegB);
  input [3:0] RegA, Mask;
  output [3:0] RegB;
  reg [3:0] RegB;

  always @ (RegA or Mask)
    RegB <= RegA & Mask;
    // Non-blocking procedual assignment.
endmodual
// Synthesized netlist is shown in Figure 2-3.
```

Blocking과 non-blocking의 할당 문장에 있어서 각각의 기능은 할당 문장 그 자체로는 조합회로(combinational circuit)의 동작과 기능을 변경시키지 않는다. 하지만, 각 할당 문장의 실행 결과로 생성되는 값의 추후 사용에 있어서 서로 다른 영향을 미치게 된다.

바람직한 Verilog HDL 모델링 지침은, 조합회로를 설계함에 있어서는 blocking 할당 문장을 사용하고, 순차회로(sequential circuit)를 설계함에 있어서는 non-blocking 할당 문장을 사용하라는 것이다. 이후의 장들을 통해 이러한 지침에 대해 보다 더 자세히 다룰 것이다.

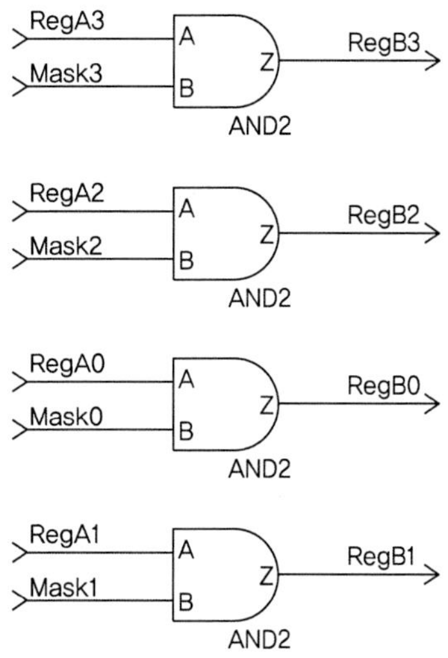


| 그림 2-3 | non-blocking 절차적 할당 문장을 사용하는 조합 회로

### 2.2.3 할당의 대상

절차적 할당 문장의 할당 대상(target)은 합성과정에서 wire, 플립플롭, 래치들로 구현되며, 이들은 각각 모델링된 Verilog HDL의 문맥적 의미에 따라 서로 다르게 생성된다. 예를 들어, 이전에 설명된 non-blocking 절차적 할당 문장의 경우, 다음처럼 클록(clock)과 같은 적절한 제어 하에서 사용된다면, 할당의 대상은 플립플롭으로 합성될 것이다.

```
module Target (Clk, RegA, RegB, Mask);
  input Clk;
  input [3:0] RegA, Mask;
  output [3:0] RegB;
  reg [3:0] RegB;

  always @ (posedge Clk)
    RegB <= RegA & Mask;
endmodule
// Synthesized netlist is shown in Figure 2-4.
```

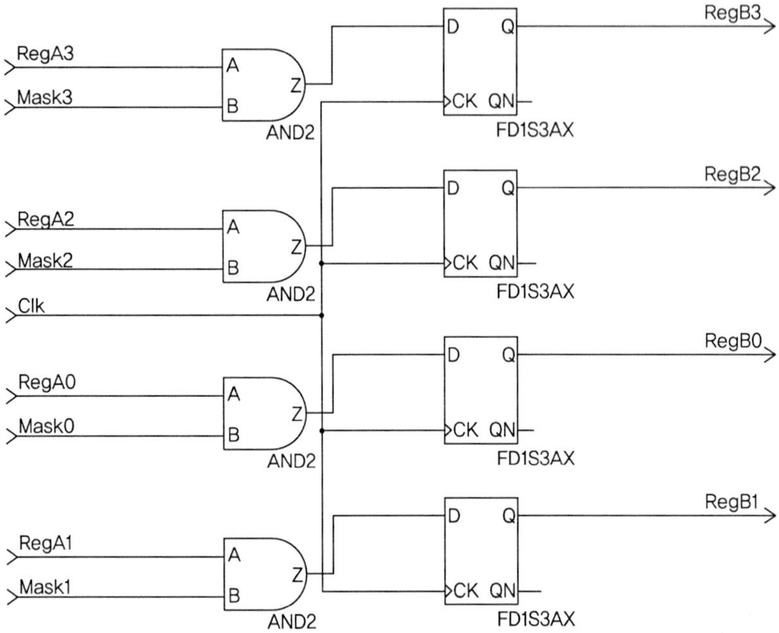


| 그림 2-4 | 할당의 대상으로의 플립플롭

### 2.2.4 할당의 제약 사항들

Blocking 혹은 non-blocking 절차적 할당 문장에 있어서, 지연(delay), 지연과 관련된 제어, 문장 내부의 지연 할당(intra-statement delay) 등은 일반적으로 합성 과정에서 무시된다. 합성 과정에서의 이러한 특성은 Verilog HDL로 명세된 설계 모델과 합성 결과 생성된 네트리스트 사이에 기능적 불일치(functional mismatch)를 초래할 수 있다.

```
#5 RegB <= RegA & Mask;
  // Delay control #5 is ignored.
RegB = #2 RegA & Mask;
  // Intra-statement delay #2 is ignored.
```

합성을 위한 하나의 동일 모델 내부에서, blocking과 non-blocking 절차적 할당 문장을 동시에 사용하는 것 역시 기능적 불일치를 야기할 수 있으므로 사용을 자제하는 것이 바람직하다.

```
A target cannot be assigned using a blocking assignment
and a non-blocking assignment.
```

이 문장이 의미하는 바는 다음과 같다. 만약 할당의 대상이 blocking 문장으로 대입되었을 경우 (혹은 non-blocking 문장), 해당 대상은 다음에도 동일한 blocking 문장(혹은 non-blocking 문장)으로 대입 되어야 한다는 것이다. 다음은 이와 관련된 예제이다.

```
Count = Preset + 1;
. . .
Count <= Mask; // This is illegal since count is
        // previously assigned using a blocking assignment.
```

## 2.3 논리 연산자

논리 연산자(logical operator)는 기본 논리 게이트(primitive logic gate)들로 직접 변환된다. 다음은 연속 할당 문장을 사용하는 전가산기(full-adder)에 대한 예제이다.

```
module FullAdder (A, B, CarryIn, Sum, CarryOut);
   input A, B, CarryIn;
   output Sum, CarryOut;

   assign Sum = (A ^ B) ^ CarryIn;
   assign CarryOut = (A & B) | (B & CarryIn) | (A & CarryIn);
endmodule
// Synthesized netlist is shown in Figure 2-5.
```

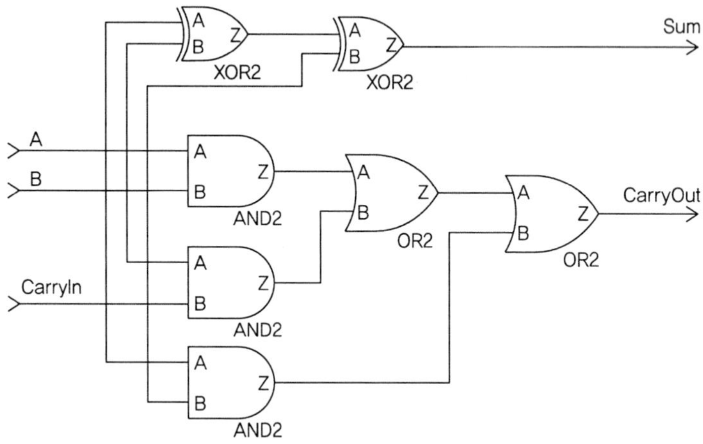


| 그림 2-5 | 논리 연산자의 기본 논리 게이트로의 변환

## 2.4 산술 연산자

Verilog HDL에서의 reg 자료형은 부호가 없는 숫자로 인식되며, integer 자료형은 2의 보수를 사용하는 부호를 가지는 숫자로 취급된다. LSB(Least Significant Bit)는 이 경우 최우측 비트이다. 따라서 부호가 없는 산술 연산자(arithmetic operator)의 합성을 위해서는 reg 타입이 활용되며, 부호가 있는 산술 연산자를 위해서는 integer 타입이 사용된다.

net 자료형은 부호가 없는 숫자 형태로 해석된다.

### 2.4.1 부호가 없는 산술연산(Unsigned Arithmetic)

다음은 부호가 없는 숫자에 대한 산술 연산자의 활용 예제이다.

```
module UnsignedAdder (Arb, Bet, Lot);
  input [2:0] Arb, Bet;
  output [2:0] Lot;

  assign Lot = Arb + Bet;
endmodule
// Synthesized netlist is shown in Figure 2-6.
```

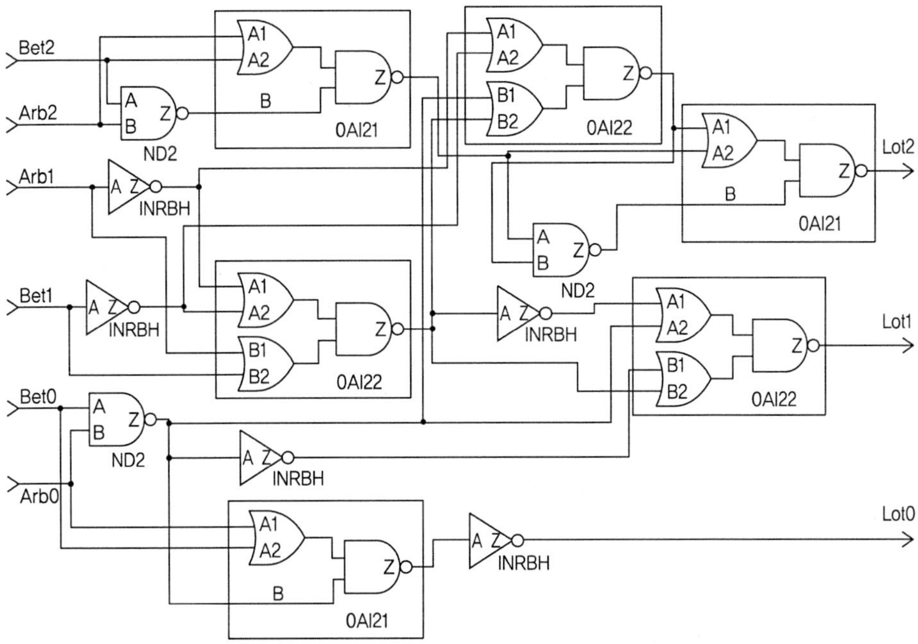


| 그림 2-6 | 3비트 가산기

이 예제에서는 3비트의 가산기가 모델링되었다. 피연산자(operand)는 net 자료형이므로 unsigned 형태이다. 최좌측 비트가 MSB(Most Significant Bit)이다.

## 2.4.2 부호를 가지는 산술 연산(Signed Arithmetic)

다음은 부호가 있는 숫자에 대한 산술 연산자의 활용 예제이다. 이는 integer 자료형을 통해 구현된다.

```
module SignedAdder (Arb, Bet, Lot);
  input [1:0] Arb, Bet;
  output [2:0] Lot;
  reg [2:0] Lot;

  always @ (Arb or Bet)
  begin: LABEL_A
    // A sequential block requires a label if local
    // declarations are present.
    integer ArbInt, BetInt;
```

```
        ArInt = - Arb; // Store negative number just to show
            // that the + is operating on signed operands.
        BetInt = Bet;
        Lot = ArbInt + BetInt;
    end
endmodule
// Synthesized netlist is shown in Figure 2-7.
```

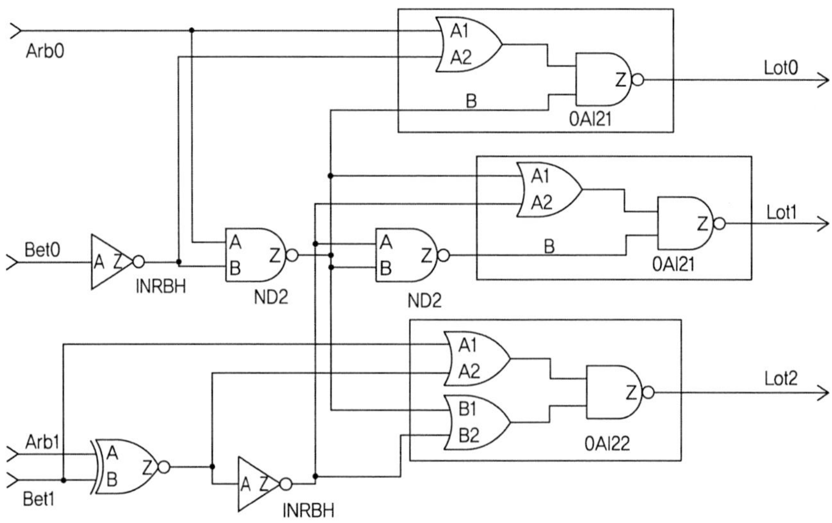


| 그림 2-7 | 부호가 있는 가산기

부호가 있는 피연산자를 가지는 가산기에 있어서도, 부호형 값이 2의 보수 형태로 표현되기 때문에 부호가 없는 피연산자를 가지는 가산기의 회로와 동일한 결과를 가진다.

### 2.4.3 Carry 모델링

Carry를 모델링하는 가장 자연스러운 방법은, 연산의 결과로 생성 될 수 있는 가장 큰 비트 수보다 한 비트를 더 사용함으로써 표현하는 것이다. 혹은 대안으로, carry를 포함시켜, 이를 명시적으로 결합(concatenation)시켜 구현할 수도 있다. 다음의 예제를 살펴보자.

```
wire [3:0] Cdobus, Sum;
wire [4:0] OneUp;
wire Bore;
. . .
assign OneUp = CdoBus + 1;
assign {Bore, Sum} = CdoBus - 2;
```

첫 번째 연속 할당 문장에 있어서 연산의 결과는 5비트이며 *OneUp*[4]는 carry이다. 만약 *OneUp*이 다음과 같이 선언되었다면 carry 정보는 소실되었을 것이다.

```
wire [3:0] OneUp;
```

두 번째 연속 할당 문장에서의 *Bore*는 감산(subtraction) 연산에서의 빌림수(borrow)를 나타낸다.

## 2.5 관계 연산자

합성과정에서 지원되는 관계 연산자(relational operator)들은 다음과 같다.

```
>, <, <=, >=
```

관계 연산자는 산술 연산자와 유사하게 취급된다. 합성의 결과로 생성되는 회로는 비교의 대상이 signed 형인가 unsigned 형인가에 따라 서로 다르다. reg 자료형 혹은 net 자료형 변수에 대한 비교의 경우는 unsigned 관계 연산자가 합성된다. 반면, integer 자료형 변수가 비교될 경우는 signed 관계 연산자가 합성된다. 다음은 부호가 없는 숫자에 대한 관계 연산자의 사용 예제이다.

```
module GreaterThan (A, B, Z);
  input [3:0] A, B;
  output Z;

  assign Z = A[1:0] > B[3:2];
```

```
  // Variables A and B are of net type.
endmodule
// Synthesized netlist is shown in Figure 2-8.
```

다음에 주어진 예제는 부호를 가지는 숫자에 대한 관계 연산자의 사용 예이다. 이 경우, 관계 연산자의 피연산자는 integer 변수이다.

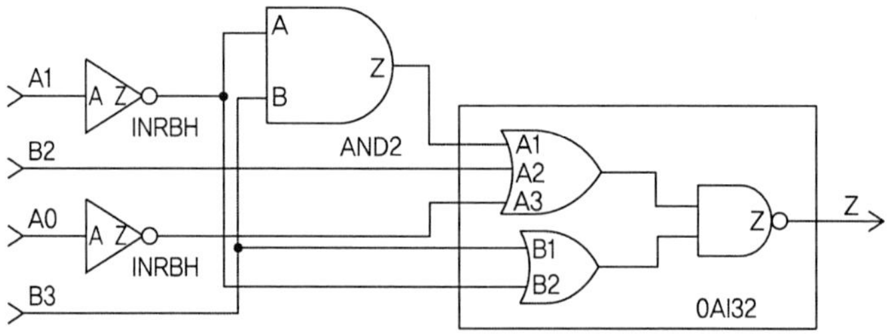


| 그림 2-8 | 비부호형 "<" 관계 연산자

```
module LessThanEquals (ArgA, ArgB, ResultZ);
  input [2:0] ArgA, ArgB;
  output ResultZ;
  reg ResultZ;
  integer ArgAInt, ArgBInt;

  always @ (ArgA or ArgB)
  begin
    ArgAInt = - ArgA;
    ArgBInt = - ArgB;
    // Store negative values just to show that the
    // comparison is on signed numbers.
    ResultZ = ArgAInt <= ArgBInt;
  end
endmodule
// Synthesized netlist is shown in Figure 2-9.
```

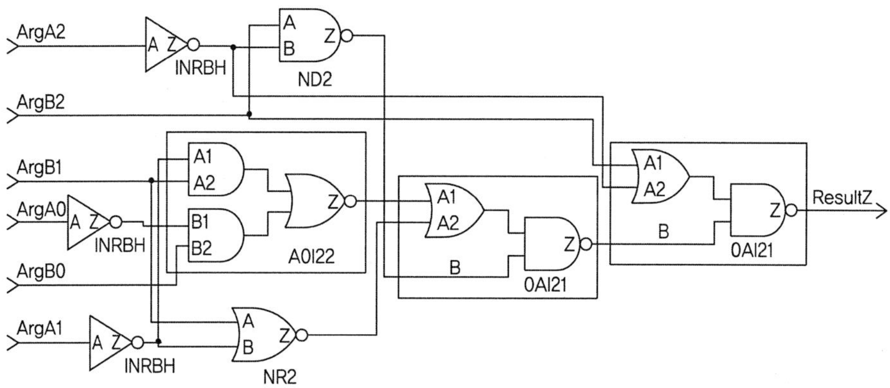


| 그림 2-9 | 부호형 "<=" 관계 연산자

## 2.6 동등 연산자

합성과정에서 지원되는 동등 연산자(equality operator)는 다음과 같다.

```
==, !=
```

연산자 === (case equality)와 !== (case inequality)는 합성과정에서 지원되지 않는다.

동등 연산자의 경우도, 산술 연산자의 경우에서와 같이, 비교의 대상이 signed 자료형인가 unsigned 자료형인가에 따라 구분되어 다루어진다. 다음은 부호가 있는 숫자를 사용하는 예제이다. 예제에서 보이는 동등 연산자의 피연산자들은 그들의 자료형이 signed number이기 때문에 integer 형이 된다.

```
module NotEquals (A, B, Z);
  input [0:3] A, B;
  output Z;
  reg Z;

  always @ (A or B)
  begin: DF_LABEL
```

```
    integer IntA, IntB;

    IntA = A;
    IntB = B;
    Z = IntA != IntB;
  end
endmodule
// Synthesized netlist is shown in Figure 2-10.
```

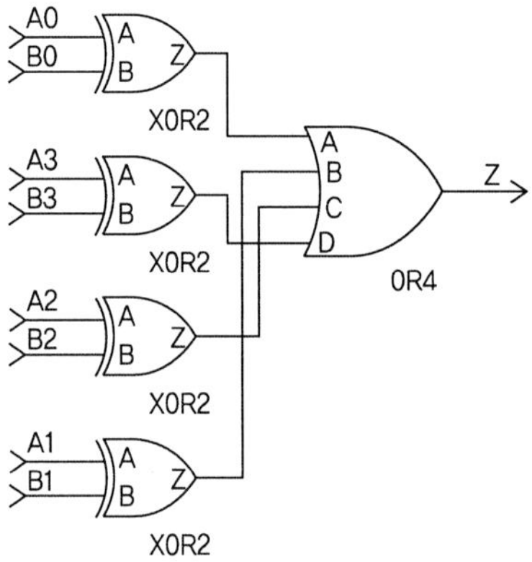


| 그림 2-10 | 부호형 "!=" 관계 연산자

## 2.7 쉬프트 연산자

합성과정에서 지원되는 Verilog HDL의 쉬프트 연산자(shift operator)는 좌 쉬프트(<<) 연산자와 우 쉬프트(>>) 연산자이다. 쉬프트 연산을 통한 이동과정에서 제거된 비트들은 0으로 대체된다. 쉬프트 연산에 있어서 이동의 정도를 나타내는 우측 피연산자는 상수이거나 변수일 수 있으며, 어떠한 경우든지 조합 회로로 생성된다. 상수 비트만큼의 쉬프트 연산이 진행될 경우, 단순 재연결(rewiring) 과정이 수행된다. 변수에 의해 쉬프트 연산이 진행될 경우는 일반적인 쉬프트 회로가 합성된다. 다음의 예제를 살펴보자.

```
module ConstantShift (DataMux, Address);
  input [0:3] DataMux;
  output [0:5] Address;

  assign Address = (~ DataMux) << 2;
endmodule
// Synthesized netlist is shown in Figure 2-11.
```

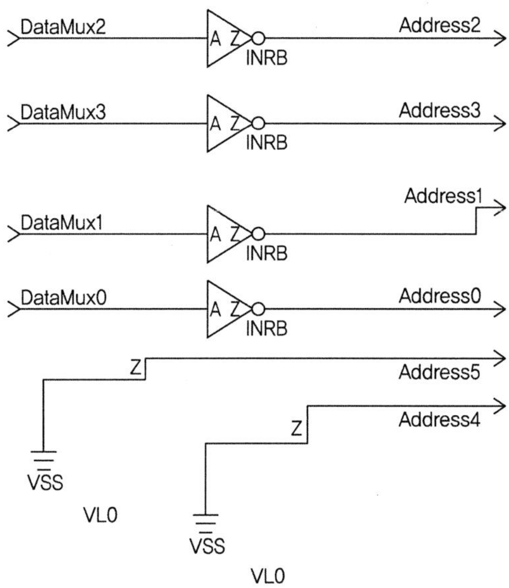


| 그림 2-11 | 상수형 쉬프트

```
module VariableShift (MemDataReg, Amount, InstrReg);
  input [0:2] MemDataReg;
  input [0:1] Amount;
  output [0:2] InstrReg;

  assign InstrReg = MemDataReg >> Amount;
endmodule
// Synthesized netlist is shown in Figure 2-12.
```

Verilog HDL의 문법 규정상, *ConstantShift* 모듈에서의 좌 쉬프트 연산을 수행할 경우, *DataMux*로부터 이동된 비트는 버려지지(discard) 않고 *Address*의 높은 자리 비트(higher-order-bit)로 이동된다. 만약 *Address*가 *DataMux*와 동일 크기라면, 높은 자리 비트는 이동되어 버려진다.

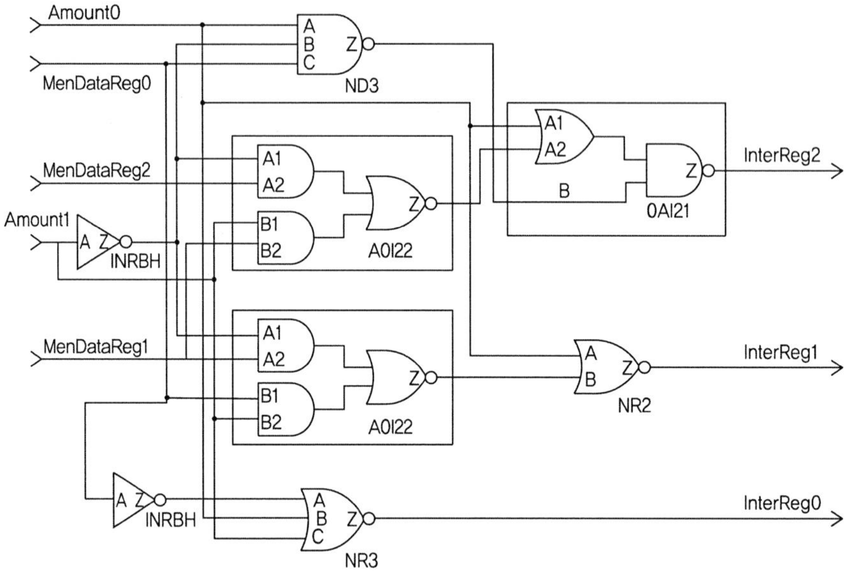


| 그림 2-12 | 변수형 쉬프트

## 2.8 벡터 연산

다음의 예제는 연산식에서 벡터 연산(vector operation)이 사용될 수 있음을 보여준다. 4 비트 *A*가 4 비트 *B*의 값과 상호 논리 **and** 연산화 되고, 이 결과가 다시 4 비트의 *C* 값과 논리 **or** 연산화 되는 예제이다. 최종적으로 그 결과가 *RFile*에 대입된다.

```
module VectorOperations (A, B, C, RFile);
  input [3:0] A, B, C;
  output [3:0] RFile;

  assign RFile = (A & B) | C;
endmodule
// Synthesized netlist is shown in Figure 2-13.
```

다음의 또 다른 예제 역시 논리 연산자의 피연산자가 벡터 연산화 될 수 있음을 보여준다. 이런 경우, 벡터 범위 전체를 포함하기 위한 연속된 논리 게이트들이 생성된다.

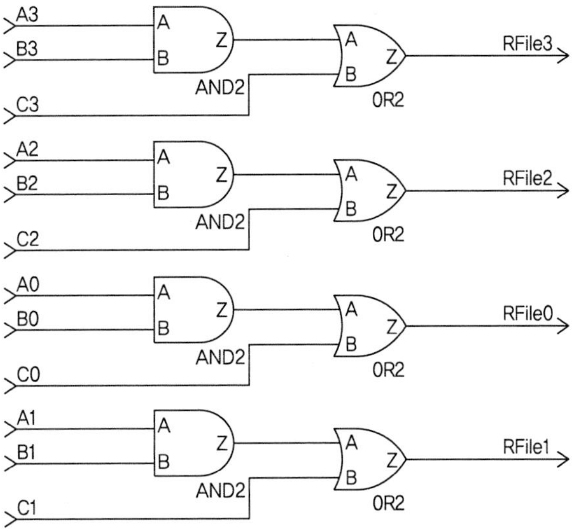


| 그림 2-13 | 벡터 연산

```
module VectorOperands (Bi, Stdy, Tap);

  input [0:3] Bi, Stdy;
  output [0:3] Tap;

  assign Tap = Bi ^ Stdy;
endmodule
// Synthesized netlist is shown in Figure 2-14.
```

각 우변 피연산자의 크기가 4이기 때문에, 4개의 xor 게이트들이 합성된다.

지금까지 소개된 연속 할당 문장을 사용하는 예제들에서는, 연속 할당 문장과 그에 대응하는 합성 회로들 사이에 1:1 대응관계가 존재한다. 이는 연속 할당 문장이 자체적으로 최종적인 합성 회로의 구조를 간접적으로 묘사하고 있기 때문이다.

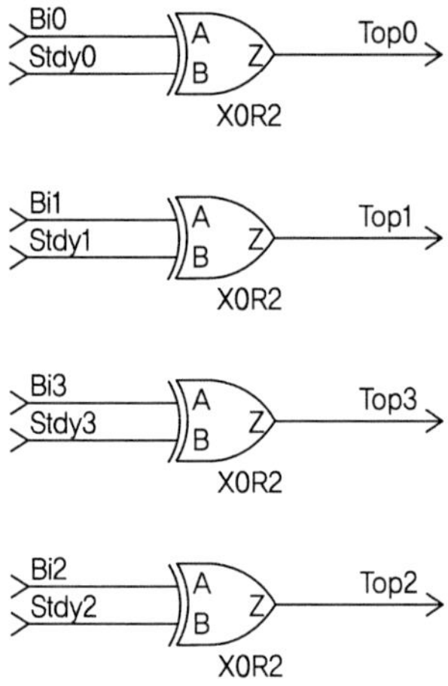


| 그림 2-14 | 논리 게이트들의 나열

## 2.9 부분 선택

부분 선택(part-select) 연산을 설계에 활용할 수 있다. 다음의 예제를 살펴보자.

```
module PartSelect (A, C, ZCat);
  input [3:0] A, C;
  output [3:0] ZCat;

  assign ZCat[2:0] = {A[2], C[3:2]};
endmodule
// Synthesized netlist is shown in Figure 2-15.
```

`ZCat[2:0]`과 `C[3:2]`가 부분 선택의 예이다. 비상수형(non-constant) 부분 선택 연산은 Verilog HDL의 합성과정에서 지원되지 않는다.

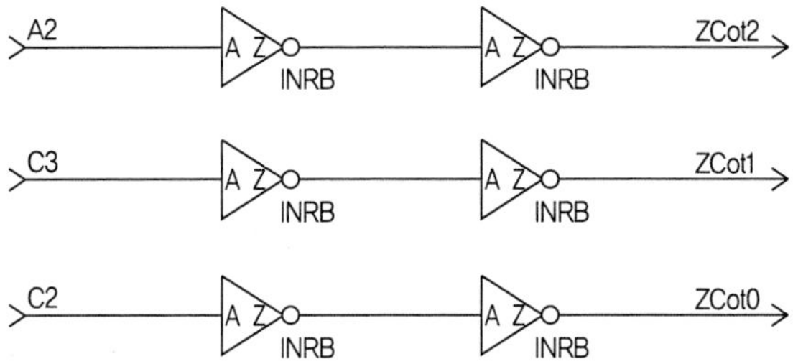


| 그림 2-15 | 부분 선택 예제

## 2.10 비트 선택

비트 선택(bit-select)은 상수형 인덱스이거나 비상수형 인덱스일 수 있다.

### 2.10.1 상수형 인덱스

다음은 비트 선택 인덱스로 상수를 사용하는 예제이다.

```
module ConstantIndex (A, C, Reg_File, ZCat);
  input [3:0] A, C;
  input [3:0] Reg_File;
  output [3:0] ZCat;

  assign ZCat[3:1] = {A[2], C[3:2]};
  assign ZCat[0] = Reg_File[3];
endmodule
// Synthesized netlist is shown in Figure 2-16.
```

*A*[2], *ZCat*[0], 그리고 *Reg_File*[3]들이 비트 선택의 예제들이다. 결합 연산자(concatenation operator) { }가 더 큰 배열을 생성해 내기 위해 사용되었다.

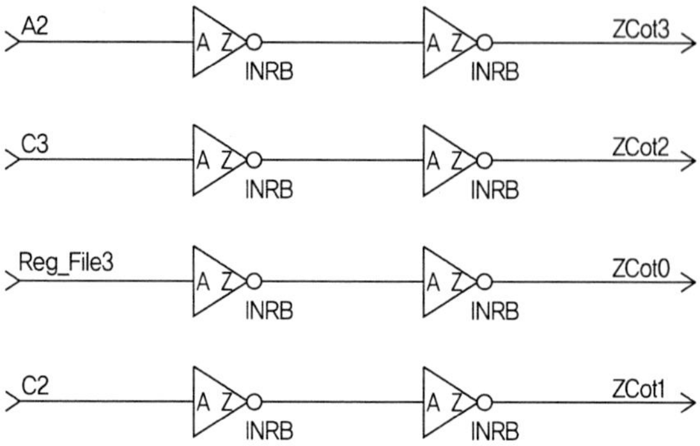


| 그림 2-16 | 상수 비트 선택

### 2.10.2 수식에서의 비상수형 인덱스

다음의 예제에서와 같이, 수식에서 비상수형 인덱스를 활용하여 설계하는 것이 가능하다.

```
module NonComputeRight (Data, Index, Dout);
  input [0:3] Data;
  input [1:2] Index;
  output Dout;

  assign Dout = Data [Index];
endmodule
// Synthesized netlist is shown in Figure 2-17.
```

이 경우, 그림 2-17에서와 같이 멀티플렉서가 생성된다.

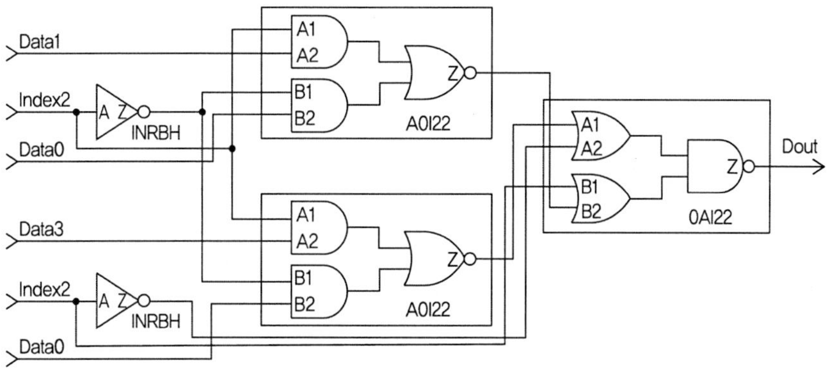


| 그림 2-17 | 멀티플렉서를 생성해 내는 비상수형 비트 선택

### 2.10.3 대상에서의 비상수형 인덱스

또 다른 형태의 비상수형 비트 선택 예제가 다음에 소개되어 있다. 이번 경우는 할당문의 좌변에서 사용되었다. 합성의 결과로 디코더(decoder)가 생성된다.

```
module NonComputerLeft (Mem, Store, Addr);
  output [7:0] Mem;
  input Store;
  input [1:3] Addr;

  assign Mem [Addr] = Store;
endmodule
// Synthesized netlist is shown in Figure 2-18.
```

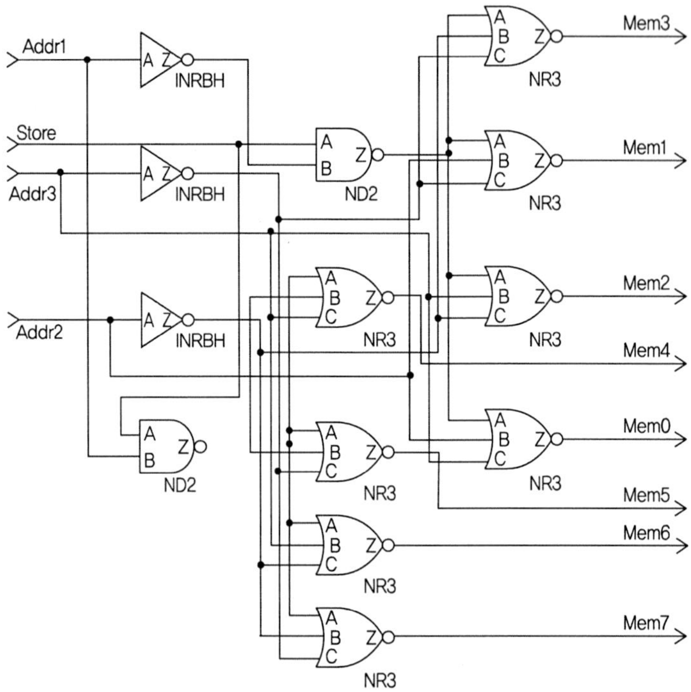


| 그림 2-18 | 비상수 비트 선택에 의해 합성된 디코더

## 2.11 조건식

조건식(conditional expression)은 조건의 결과값에 따라 두 가지 수행 가능한 수식 경로 가운데 하나를 선택하게 된다.

```
<condition> ? <expression1> : <expression2>
```

만약 조건이 참일 경우, 첫 번째 수식이 선택되며, 그렇지 않을 경우 두 번째 수식이 선택된다. 다음의 예제를 살펴보자.

```
module ConditionalExpression (StartXM, ShiftVal,
                              Reset, StopXM);
  input StartXM, ShiftVal, Reset;
```

```
   output StopXM;
   assign StopXM = (! Reset) ? StartXM ^ ShiftVal :
                               StartXM | ShiftVal;
endmodule
// Synthesized netlist is shown in Figure 2-19.
```

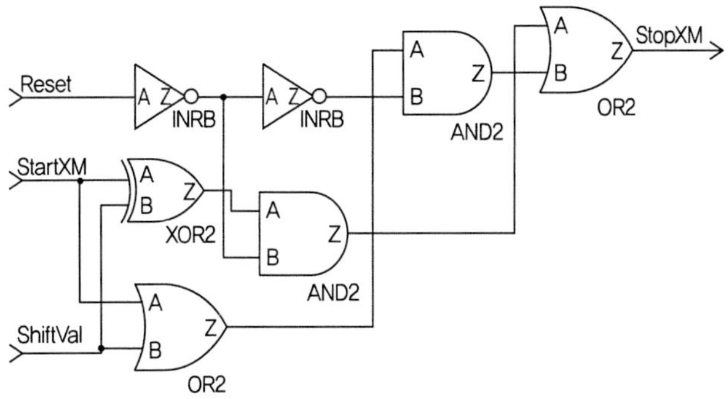


| 그림 2-19 | 조건식에 의해 생성된 논리 회로

## 2.12 Always 문장

Always 문장은 회로의 절차적 행위(procedural behavior)를 표현하기 위해 사용된다. 다음은 절차적 할당 문장을 사용하는 always 문장의 예제이다.

```
module EvenParity (A, B, C, D, Z);
   input A, B, C, D;
   output Z;
   reg Z, Temp1, Temp2;

   always @ (A or B or C or D)
   begin
     Temp1 = A ^ B;
     Temp2 = C ^ D;
     Z = Temp1 ^ Temp2;
     // Note that the temporaries are really not
     // required. They are used here to illustrate the
```

```
    // sequential behavior of the statements within
    // the sequential block.
  end
endmodule
// Synthesized netlist is shown in Figure 2-20.
```

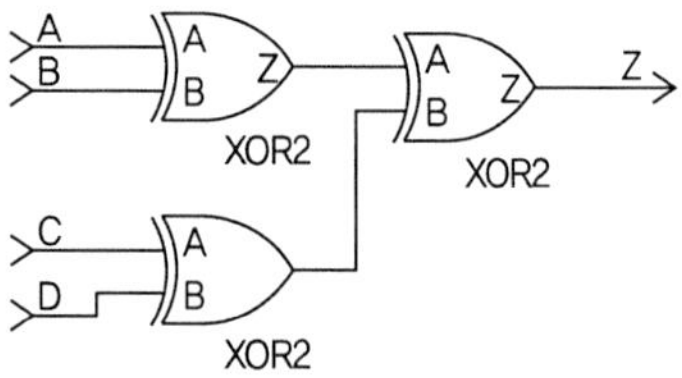


| 그림 2-20 | 절차적 할당 문장

Always 문장에서 참조(read)되는 모든 변수들은 반드시 event-list[2)]에 포함되어야 한다. 그렇지 않으면, 합성 과정에서 Verilog HDL로 명시된 설계 모델과 합성 결과 생성된 네트리스트 사이에 기능적 불일치를 초래할 수 있다. 다음의 예제를 살펴보자.

```
module AndBehavior (Z, A, B);
  input A, B;
  output Z;
  reg Z;

  always @ (B)
    Z = A & B;
endmodule
// Synthesized netlist is shown in Figure 2-21.
```

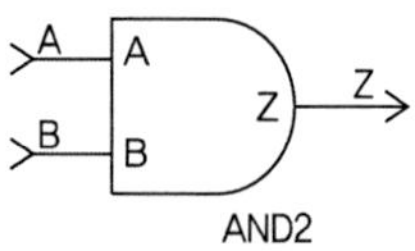


| 그림 2-21 | 불완전한 event-list

2) @ 기호 다음에 괄호화 되어 나열된 요소들이다.

주어진 always 문장의 문맥적 의미(semantic)는, *B*에 대한 event가 발생할 때마다 할당 문장이 실행되고, 새로운 값이 *Z*에 대입된다는 것이다. 하지만, 만약 *A*에 대한 event가 발생할 경우 이는 *Z*의 값에 아무런 영향을 미치지 못하게 된다. 위 모듈의 합성 결과로 생성된 회로를 살펴보자. 주어진 그림 2-21에서와 같이 합성된 회로는 논리 **and** 게이트로 연결된 형태이다. 이러한 회로 하에서는 *A* 혹은 *B*가 변경될 때 *Z*의 값이 갱신된다. 따라서 이는 합성 과정에서 Verilog HDL로 명세된 설계 모델과 합성 결과 생성된 네트리스트 사이에 기능적 불일치를 초래하고 있다[3]. 합성 시스템은 이러한 경우 event-list의 부적절한 사용에 대한 경고 메시지를 출력한다.

이와 같은 기능적 불일치를 방지하기 위한 좋은 모델링 습관은, always 문장 내부에서 참조되는 모든 변수들을 always 문장의 event-list에 포함시키라는 것이다. 특히 조합회로의 설계에 있어서 이와 같은 모델링 습관은 항상 올바른 회로의 합성을 보장한다. 순차회로의 설계에 있어서는 다른 형태의 event-list 모델링이 필요하며, 이에 대한 설명은 추후에 소개된다.

Always 문장 내부에서 사용되는 변수들은 임시로 그 값을 유지하고 있으며, 다음의 예제에서 보이는 바와 같이, 각각에 대응하는 고유의 wire를 생성시킬 필요는 없다.

```
module VariablesAreTemporaries (A, B, C, D, Z);
  input A, B, C, D;
  output Z;
  reg Z;

  always @ (A or B or C or D)
  begin: VAR_LABEL
    integer T1, T2;

    T1 = A & B;
    T2 = C & D;
    T1 = T1 | T2;
    Z = ~ T1;
  end
endmodule
// Synthesized netlist is shown in Figure 2-22.
```

3) 주어진 기능적 불일치는 설계자가 이를 인지하고 의도적으로 발생시킨 것일 수도 있지만, 그렇지 못한 것일 수도 있다. 본서에서는 설계자의 실질적인 의도와는 관계없이 설계 모델과 합성 회로 사이의 기능적 불일치가 존재할 수 있는 가능성이 있다면 기능적 불일치로 간주한다.

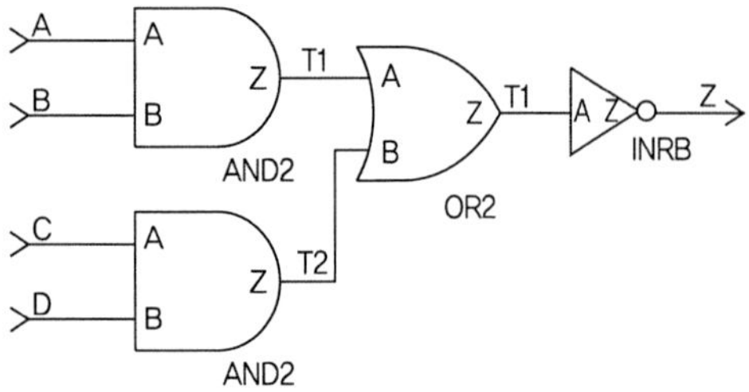


| 그림 2-22 | 하나의 변수와 그에 대응하는 다수개의 wire

합성된 네트리스트에서, *AND2* 게이트의 출력은 *T1*의 값이다. 또한 그것이 *OR2* 게이트의 출력이기도 하다. 이 예제에서의 각 integer 변수에 대한 할당 문장은 고유한 wire를 의미한다.

## 2.13 If 문장

Verilog HDL에서 if 문장은 선택적으로 제어되는 회로를 표현한다. 다음은 if 문장에 대한 기본적인 사용 예제이다.

```
module SelectOneOf (A, B, Z);
  input [1:0] A, B;
  output [1:0] Z;
  reg [1:0] Z;

  always @ (A or B)
    if (A > B)
      Z = A;
    else
      Z = B;
endmodule
// Synthesized netlist is shown in Figure 2-23.
```

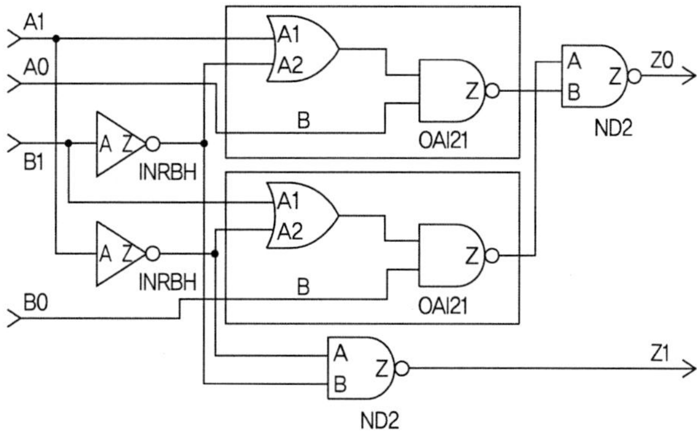


| 그림 2-23 | if 문장의 사용 및 대응 회로

다음은 if 문장에 대한 또 다른 예제이다.

```
module SimpleALU (Ctrl, A, B, Z);
  input Ctrl;
  input [0:1] A, B;
  output [0:1] Z;
  reg [0:1] Z;

  always @ (Ctrl or A or B)
    if (Ctrl)
      Z = A & B;
    else
      Z = A | B;
endmodule
// Synthesized netlist is shown in Figure 2-24.
```

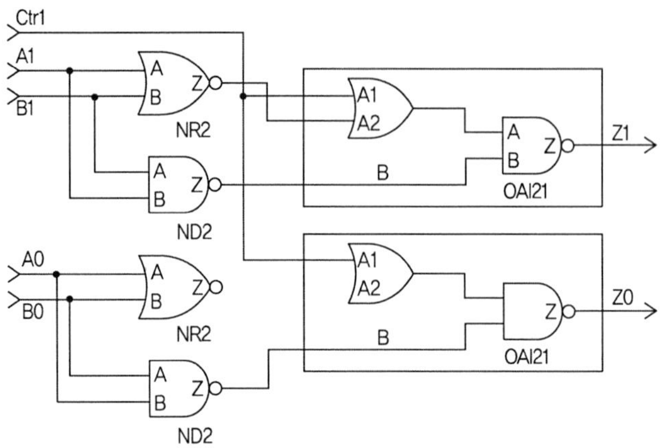


| 그림 2-24 | 조건에 의한 연산의 선택

### 2.13.1 If 문장에서의 래치 생성

다음에 주어진 always 문장을 살펴보자.

```
module Increment (Phy, Ones, Z);
  input Phy;
  input [0:1] Ones;
  output [0:2] Z;
  reg [0:2] Z;

  always @ (Phy or Ones)
    if (Phy)
      Z = Ones + 1;
endmodule
// Synthesized netlist is shown in Figure 2-25.
```

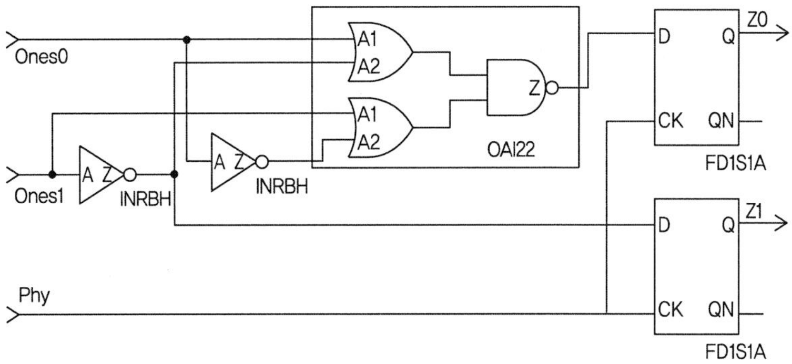


| 그림 2-25 | 래치로 합성된 변수

주어진 always 문장의 문맥적 의미는, event-list에 존재하는 두 변수 Phy 혹은 *Ones*의 값에 변화가 있을 때마다 if 문장이 실행되고, 이때 변수 *Z*는 *Phy*가 1인 경우 1 증가된 *Ones*의 값을 가지게 된다. 만약 *Phy*가 0인 경우는 *Z*의 값이 유지된다. 이러한 과정은 래치의 합성으로 구현된다.

래치를 생성하는 일반적인 방법은, always 문장 내부에서 if 문장이 사용될 때, if 문장의 실행 가능한 모든 분기 경로를 구현하지 않는 것이다[4].

다음은 모든 분기 경로를 구현하지 않은 if 문장의 또 다른 사용 예이다.

```
module Compute (Marks, Grade);
  input [1:4] Marks;
  output [0:1] Grade;
  reg [0:1] Grade;
  parameter FALL = 1, PASS = 2, EXCELLENT = 3;

  always @ (Marks)
    if (Marks < 5)
      Grade = FALL;
    else if ((Marks >= 5) & (Marks < 10))
      Grade = PASS;
endmodule
// Synthesized netlist is shown in Figure 2-26.
```

4) 주어진 예제에서는 else 경로가 모델링되어 있지 않다.

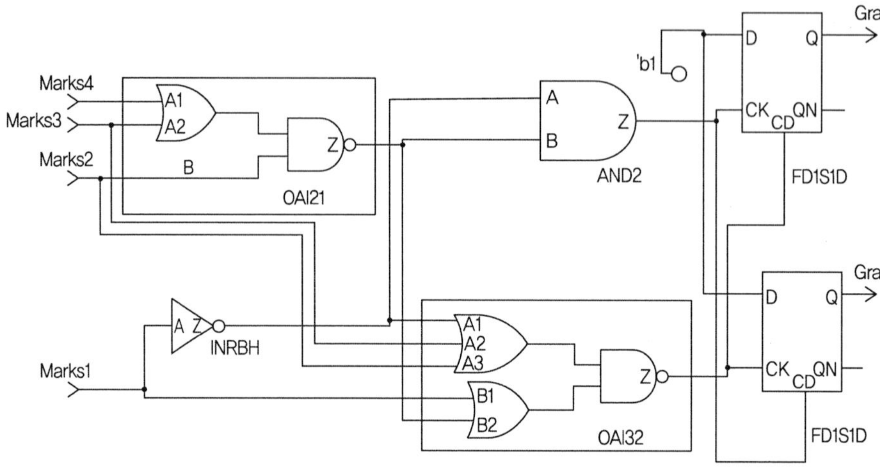


| 그림 2-26 | 래치로 생성되는 변수

주어진 예제에서 *Marks*가 12의 값을 가지게 되면, *Grade*는 어떤 결과값을 가지게 되는가? 설계자는 가령 그러한 경우를 don't-care 조건으로 취급했을 수 있다. 하지만 주어진 Verilog HDL의 문맥적 의미는 다음과 같다. 변수 *Grade*는 *Marks*가 12의 값을 가지는 경우에서처럼, 해당 조건이 없을 경우 변수의 이전값을 유지하도록 설계 된다. 이는 *Marks*의 값이 12가 되었을 경우에 대응하는 명시적인 입력값이 존재하지 않기 때문이다. 따라서 합성 과정에서는 reg 변수의 문맥적 의미를 유지하기 위해 *Grade*를 위한 래치가 생성된다.

이전 예제에서 소개된 바와 같이, 조건식 내부에서의 산술 연산이 래치를 생성시키는 경우는 이를 피하는 것이 바람직하다. 합성의 결과로 생성된 네트리스트 회로에서 각 조건들 상호간에 경쟁 상황(Race Condition)이 발생할 가능성이 매우 높기 때문이다. 합성된 네트리스트의 래치값과 Verilog HDL 모델링 내부의 특정 변수값 사이에 서로 다른 값이 사용되고 이로 인한 비일관적인 동작이 초래될 수 있음을 유의해야 한다.

만약 변수가 if 문장의 모든 분기 경로에서 적절한 값 할당이 이루어지지 않았다면, 그리고 설계자는 래치를 생성하고자 하는 의도가 없었다면, 변수는 if 문장의 모든 분기 경로에 대해서 명시적으로 그 값을 할당받아야만 한다. 모든 분기 경로에 대한 값 할당이 이루어진 형태로 이전 Verilog HDL을 수정할 경우, 다음과 같은 코드와 합성 회로를 얻을 수 있다.

```
module ComputeNoLatch (Marks, Grade);
  input [1:4] Marks;
  output [0:1] Grade;
  reg [0:1] Grade;
  parameter FALL = 1, PASS = 2, EXCELLENT = 3;

  always @ (Marks)
    if (Marks < 5)
      Grade = FALL;
    else if (Marks >= 5) && (Marks < 10))
      Grade = PASS;
    else
      Grade = EXCELLENT;
endmodule
// Synthesized netlist is shown in Figure 2-27.
```

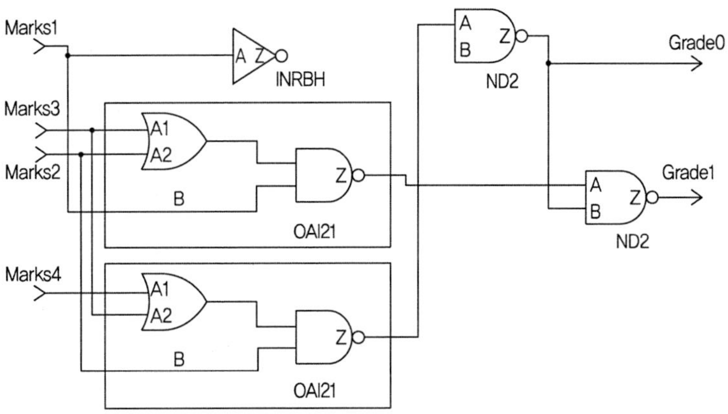


| 그림 2-27 | 래치로 생성되지 않은 변수 *Grade*

변수 *Grade*는 래치로 합성되지 않는다. `if` 문장의 모든 분기 경로에서 그 값에 대한 할당이 명시적으로 이루어졌기 때문이다.

## 2.14 Case 문장

Verilog HDL에서 case 문장은 다음과 같은 형태를 가진다.

```
case ( <case_expression> )
  <case_itemA1>, <case_itemA2>, . . .: <statementA>
  <case_itemB1>, <case_itemB2>, . . .: <statementB>
  . . .
  default                           : <statementD>
endcase
```

case 문장의 수행에 있어서, 첫 번째로 만족하는 case 아이템의 문장이 수행되게 된다. case 문장의 아이템은 상수이거나 변수일 수 있다.

다음에 소개된 case 문장을 살펴보자.

```
module ALU (Op, A, B, Z);
  input [1:2] Op;
  input [0:1] A, B;
  output [0:1] Z;
  reg [0:1] Z;

  parameter ADD ='b00, SUB = 'b01, MUL = 'b10, DIV = 'b11;

  always @ (Op or A or B)
    case (Op)
      ADD : Z = A + B;
      SUB : Z = A - B;
      MUL : Z = A * B;
      DIV : Z = A / B; // The A/B operation may not be
                       // supported by some synthesis tools.
    endcase
endmodule
// Synthesized netlist is shown in Figure 2-28.
```

case 문장의 수행 형태는 중첩된(nested) if 문장과 유사하다. 즉 case 식의 값 (*Op*)이 첫 번째 case 아이템(*ADD*)과 비교되고, 만약 일치하지 않는다면 두 번째 아이템(*SUB*)과 비교된다. 주어진 case 문장과 동일한 기능을 수행하는 if 문장은 다음과 같다.

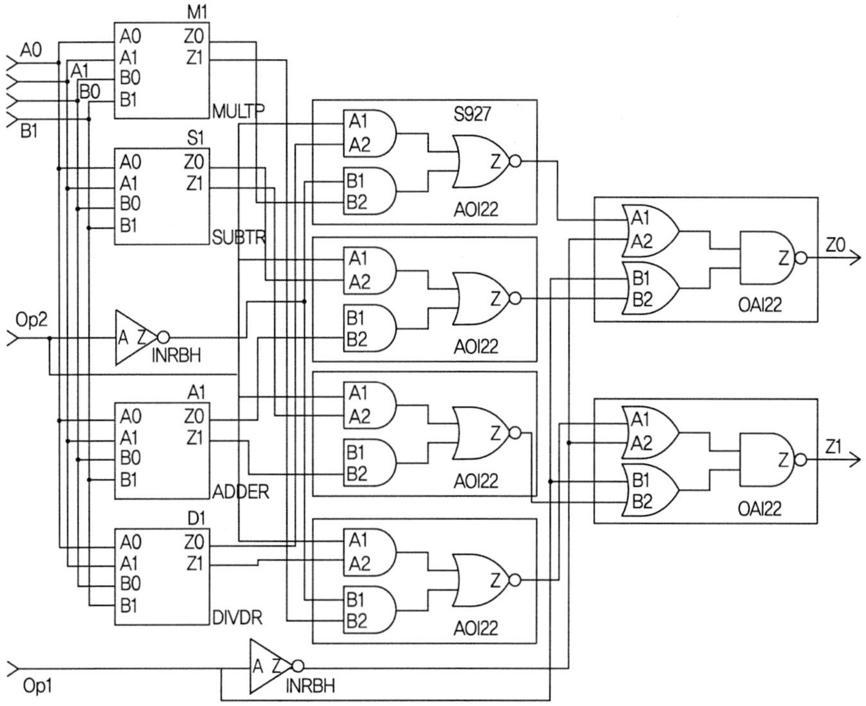


| 그림 2-28 | 2 비트 ALU

```
if (Op == ADD)
  Z = A + B;
else if (Op == SUB)
  Z = A - B;
else if (Op == MUL)
  Z = A * B;
else if (Op == DIV)
  Z = A / B;
```

case 문장을 사용하는 또 다른 예제가 다음에 소개되어 있다.

```
module CaseExample (DayofWeek, SleepTime);
  input [1:3] DayofWeek;
  output [1:4] SleepTime;
  reg [1:4] SleepTime;
  parameter MON = 0, TUE = 1, WED = 2, THU = 3, FRI = 4,
            SAT = 5, SUN = 6;

  always @ (DayofWeek)
    case (DayofWeek)
      MON,
      TUE,
      WED,
      THU:     SleepTime = 6;
      FRI:     SleepTime = 8;
      SAT:     SleepTime = 9;
      SUN:     SleepTime = 7;
      default: SleepTime = 10;      // Enjoy!
      // The default covers the case when DayofWeek
      // has value 7.
    endcase
endmodule
// Synthesized netlist is shown in Figure 2-29.
```

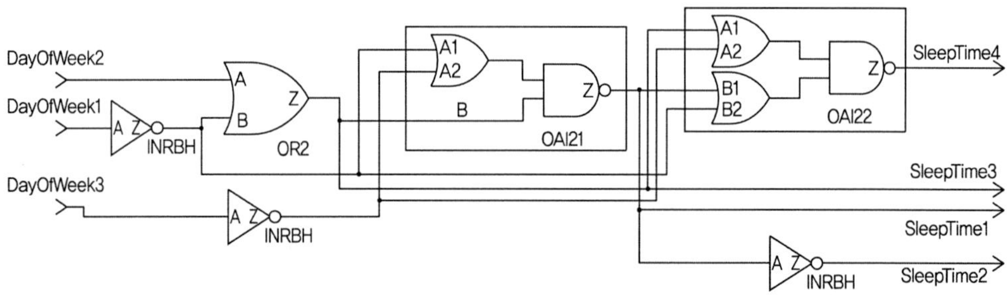


| 그림 2-29 | case 문장 예제

다음과 같은 또 다른 case 문장도 살펴보자.

```
module SelectAndAssign (CurrentState, RFlag);
  input [0:1] CurrentState;
  output [0:1] RFlag;
  reg [0:1] RFlag;

  parameter RESET = 2'b01, APPLY = 2'b11, WAITs = 2'b10,
            DOCTCARE = 2'b00;

  always @ (CurrentState)
    case (CurrentState)
      RESET: RFlag = WAITS;
      APPLY: RFlag = RESET;
      WAITS: RFlag = APPLY;
      default : RFlag = DONTCARE;
    endcase
endmodule
// Synthesized netlist is shown in Figure 2-30.
```

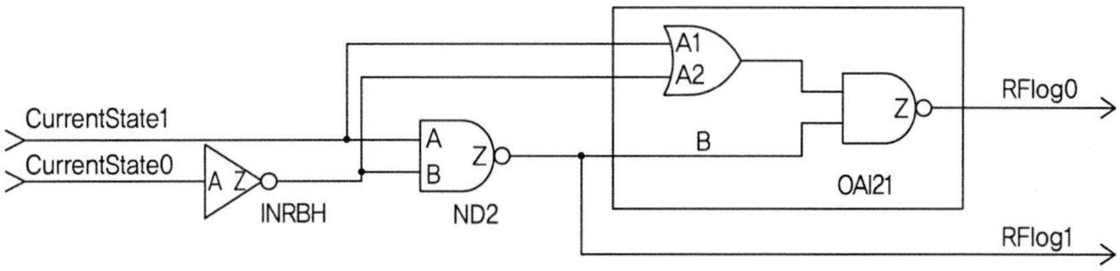


| 그림 2-30 | case 문장으로부터 생성된 회로

## 2.14.1 Casez 문장

casez 문장에서는 논리값 z가 don't-care로 취급된다. ? 문자는 z 문자의 대용으로 사용될 수 있다. 값 z와 x는 case 수식(case expression)에서 사용될 수 없다. 추가적으로 값 x는 case 아이템 수식(case item expression)에서 나타날 수 없다. 다음은 casez 문장에 대한 사용예이다.

```
module CasezExample (ProgramCounter, DoCommand);
  input [0:3] ProgramCounter;
  output [0:1] DoCommand;
  reg [0:1] DoCommand;

  always @ (ProgramCounter)
    casez (ProgramCounter)
      4'b???1 : DoCommand = 0;
      4'b??10 : DoCommand = 1;
      4'b?100 : DoCommand = 2;
      4'b1000 : DoCommand = 3;
      default : DoCommand = 0;
    endcase
endmodule
// Synthesized netlist is shown in Figure 2-31.
```

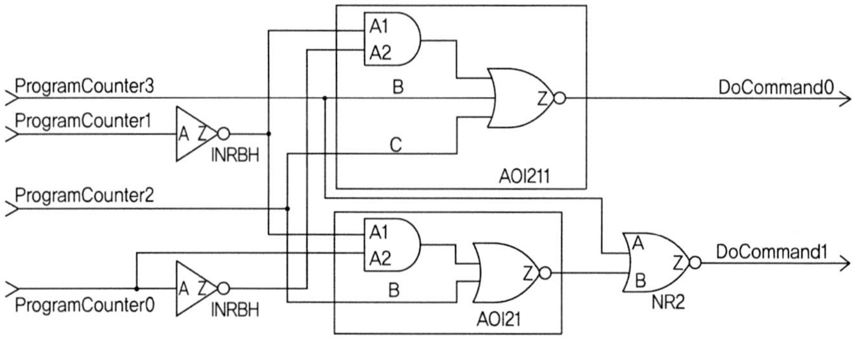


| 그림 2-31 | casez 문장 예제

위의 예제에서 주어진 casez 문장은 다음의 if 문장과 동일하다. Case 아이템에 있어서 ? 문자는 don't-care 값을 의미한다.

```
if (ProgramCounter [3])
  DoCommand = 0;
else if (ProgramCounter [2:3] == 2'b10)
  DoCommand = 1;
else if (ProgramCounter [1:3] == 3'b100)
  DoCommand = 2;
```

```
else if (ProgramCounter [0:3] == 4'b1000)
  DoCommand = 3;
else
  DoCommand =0;
```

## 2.14.2 Casex 문장

casex 문장에서는 논리값 x와 z(z에 있어서 ?도 허용)가 case 아이템 수식에서 don't-care 값으로 허용될 수 있다. 이와 같은 논리값들은 시뮬레이션이 아닌 합성을 목적으로 하는 case 수식의 일부로는 사용될 수 없다. 다음의 예제는 우선순위를 가지는 인코더(priority encoder)를 위한 casex 문장의 사용 예제이다.

```
module PriorityEncoder (Select, BitPosition);
  input [5:1] Select;
  output [2:0] BitPosition;
  reg [2:0] BitPosition;

  always @ (Select)
    casex (Select)
      5'bxxxx1 : BitPosition = 1;
      5'bxxx1x : BitPosition = 2;
      5'bxx1xx : BitPosition = 3;
      5'bx1xxx : BitPosition = 4;
      5'b1xxxx : BitPosition = 5;
      default : BitPosition = 0;
    endcase
endmodule
// Synthesized netlist is shown in Figure 2-32.
```

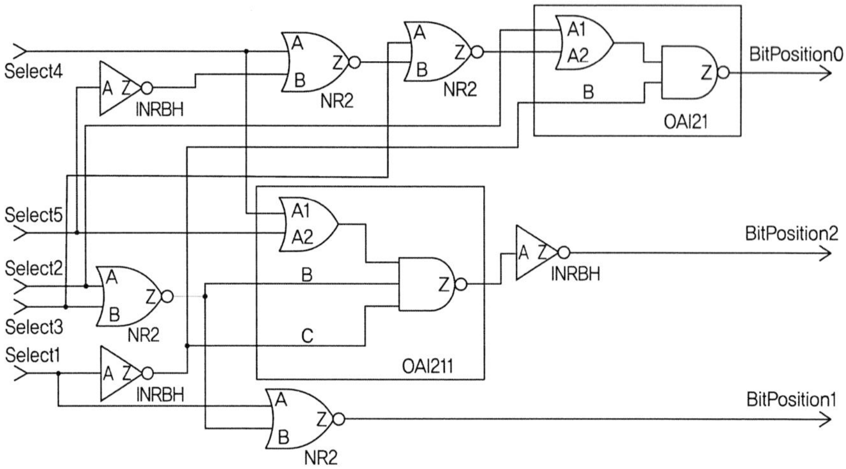


| 그림 2-32 | casex 문장을 사용하는 우선순위 인코더

위의 예제에서 주어진 casex 문장의 문맥적 의미는 다음의 if 문장에 의해 잘 묘사되고 있다.

```
if (Select [1])
  BitPosition = 1;
else if (Select [2])
  BitPosition = 2;
else if(Select [3])
  BitPosition = 3;
else if(Select [4])
  BitPosition = 4;
else if(Select [5])
  BitPosition = 5;
else
  BitPosition = 0;
```

### 2.14.3 Case 문장으로부터의 래치 생성

if 문장에서처럼, case 문장에서도 변수에 값을 할당하기 위해 래치가 생성될 수 있다. 만약 always 문장 내부에서의 특정 변수가 case 문장의 특정 경로로부터 값 할당을 받는 경우를 가정하자. 이때, 주어진 변수가 case 문장의 실행 가능한 모든 경로로부터 값 할당이 명시적으로 이루어지지 않았을 때, 해당 변수는 래치로 합성된다. 다음의 예제를 살펴보자.

```
module StateUpdate (CurrentState, Zip);
  input [0:1] CurrentState;
  output [0:1] Zip;
  reg [0:1] Zip;

  parameter S0 = 0, S1 = 1, S2 = 2, S3 = 3;

  always @ (CurrentState)
   case (CurrentState)
     S0,
     S3: Zip = 0;
     S1: Zip = 3;
   endcase
endmodule
// Synthesized netlist is shown in Figure 2-33.
```

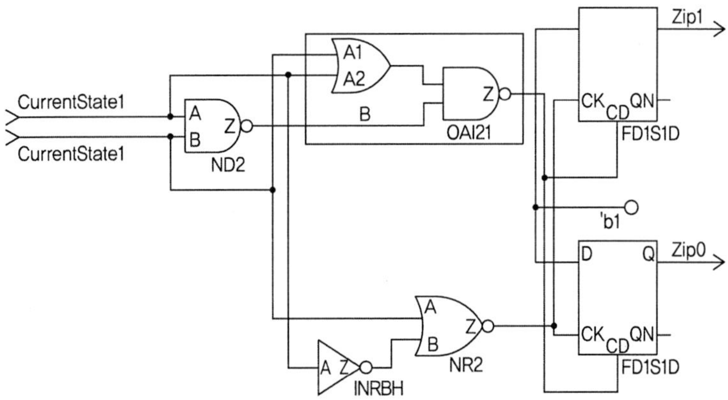


| 그림 2-33 | case 문장의 래치 생성

주어진 예제에서 변수 *Zip*은 모든 발생 가능한 *CurrentState*의 입력값들로부터 값 할당을 받지 못하고 있다. 이러한 경우 Verilog HDL은 reg 변수에 대한 문맥적 의미를 유지하기 위해, *Zip*을 위한 래치를 생성한다. 합성된 네트리스트는 해당 래치를 보여주고 있다. 래치의 생성 관점에서 볼 때, case 문장은 if 문장과 문맥적으로 동일하게 취급될 수 있다. 만약 래치를 발생시키지 않아야 할 상황이라면 다음의 주어

진 예제에서 보이는 바와 같이, 설계자는 case 문장 이전에 각 case 문장을 초기화 시키는 "초기값 할당 문장"을 추가해야 한다. *Zip* 변수에 대한 이와 같은 명시적인 초기값 대입은 *CurrentState*에 대한 모든 발생 가능 경로에 변수값들의 사전 정의를 의미하며, 따라서 모든 실행 가능 경로에 대한 always 문장의 수행을 가능하게 한다.

```
. . .
always @ (CurrentState)
begin
  Zip = 0;                          // The statement added

  case (CurrentState)
  . . .
  endcase
end
```

이상에서 소개된 case 문장에서의 래치 생성 및 방지 기법은 casex 문장과 casez 문장의 경우에도 동일하게 적용된다.

### 2.14.4 Full Case

이전 절에서 우리는 주어진 case 변수가 case 문장의 실행 가능한 모든 경로로부터 값 할당을 받지 못할 경우, 해당 변수는 래치로 합성된다는 것을 살펴보았다. 하지만 때때로 설계자의 입장에서는, Verilog HDL로 직접 묘사된 case 값 이외의 항들은 그 값을 가지지 않기를 의도적으로 원하는 경우도 있을 수 있다. 다음의 예제를 살펴보자.

```
module NextStateLogic (NextToggle, Toggle);
  input [1:0] Toggle;
  output [1:0] NextToggle;
  reg [1:0] NextToggle;

  always @ (Toggle)
    case (Toggle)
      2'b01 : NextToggle = 2'b10;
      2'b10 : NextToggle = 2'b01;
    endcase
```

```
endmodule
// Synthesized netlist is shown in Figure 2-34.
```

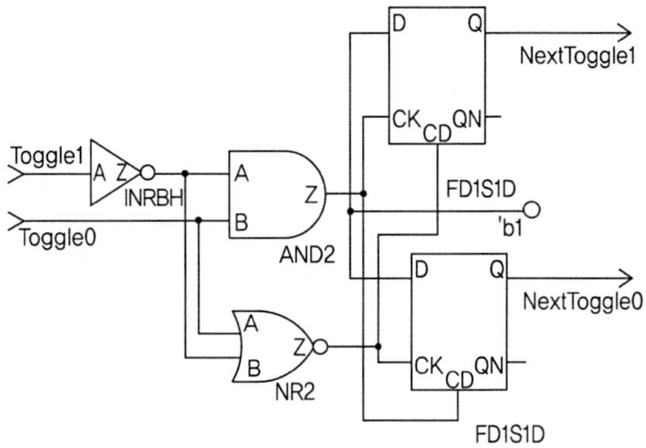


| 그림 2-34 | *NextToggle*을 위한 래치 생성

설계자의 입장에서 보았을 때, *Toggle* 변수는 2'b01과 2'b10 이외의 어떠한 값도 가질 수 없다는 것을 알고 있다고 가정하자. 이러한 정보는 합성 시스템에게 별도의 방법으로 전달해 줄 필요가 있다. 만약 이와 같은 정보가 합성 도구에게 적절하게 제공되지 않는다면 *NextToggle*을 위한 래치가 추가적으로 생성될 것이다(그림 2-34, 2개의 FD1S1D). 왜냐하면 2'b00과 2'b11의 경우에 대한 값 정의가 명시적으로 이루어지지 않았기 때문이다. 이와 같은 추가적인 정보는 `full_case` 합성지시자(*synthesis directive*)에 의해 합성 시스템에게 직접 전달될 수 있다. 합성 지시자는 합성 시스템에게 추가적인 정보를 제공하는 Verilog HDL 모델 내부의 특별한 코드이다. `full_case` 합성 지시자는 Verilog HDL 모델 내부의 `case` 문장에 주석 형태로 명세된다. 설계 모델 내부에서 주석으로 표현되었기 때문에, Verilog HDL 언어의 문맥적 의미에는 아무런 영향도 미치지 않는다.

합성 도구는 `full_case` 합성 지시자를 통해 `case` 문장에서 나열된 각각의 경우가 실재 존재할 수 있는 전체 경우이며, 따라서 그 이외에는 어떠한 값들도 가질 수 없다는 것을 알게 된다. 이러한 경우 `case` 문장의 각 실행 경로 상에서 값을 할당 받는 변수들은 래치로 생성되지 않는다. 다음은 이와 같은 합성 지시자가 포함된 `case` 문장을 사용하는 *NextStateLogic* 회로이다.

```
module NextStateLogicFullCase (NextToggle, Toggle);
  input [1:0] Toggle;
  output [1:0] NextToggle;
  reg [1:0] NextToggle;

  always @ (Toggle)
    case (Toggle)          // synthesis full_case
      2'b01 : NextToggle = 2'b10;
      2'b10 : NextToggle = 2'b01;
    endcase
endmodule
// Synthesized netlist is shown in Figure 2-35.
```

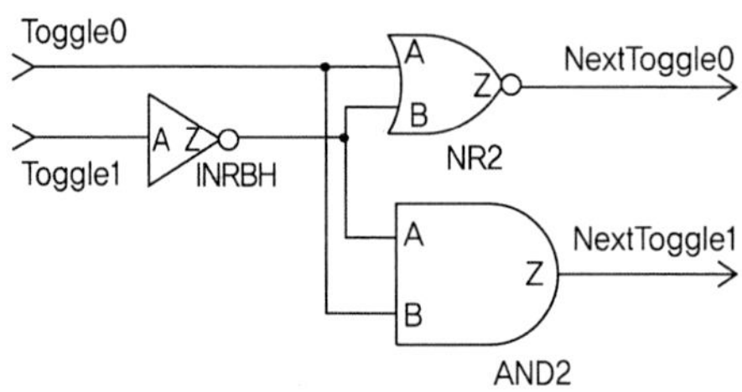


| 그림 2-35 | full_case 합성 지시자의 활용

합성된 회로가 보여주듯이, full_case 합성 지시자의 사용으로 인해 *NextToggle* 을 위한 래치가 생성되지 않았음을 확인할 수 있다.

이 예제의 경우에 있어서 래치의 생성을 방지하는 두 가지 또 다른 방법이 있을 수 있다. 첫째, case 문장에 있어서 기본 분기 경로를 지시하는 default 문장을 사용하는 것과 둘째, 기본값을 case 문장 이전에 할당해 주는 것이다. 다음의 예제는 default 문장을 활용하여 래치의 생성을 방지하는 경우이다.

```
always @ (Toggle)
  case (Toggle)
    2'b01 : NextToggle = 2'b10;
    2'b10 : NextToggle = 2'b01;
    default : NextToggle = 2'b01; // Dummy Assignment.
  endcase
```

한편, 다음은 case 문장 이전에 기본값을 할당해 주는 방법으로, always 문장 내부에서 *NextToggle*을 위한 기본값을 case 문장 이전에 할당해 주는 예제이다. 이러한 경우도 *NextToggle* 변수에 대한 래치가 생성되지 않는다.

```
always @ (Toggle)
begin
  NextToggle = 2'b01;           // Default assignment.

  case (Toggle)
    2'b01 : NextToggle = 2'b10;
    2'b10 : NextToggle = 2'b01;
  endcase
end
```

주의해야 할 점은 full_case 합성 지시자의 사용이 합성 과정에서 Verilog HDL로 명세된 설계 모델과 합성 결과 생성된 네트리스트 사이에 기능적 불일치를 초래할 수 있다는 사실이다. 5장에서 이와 관련된 예제를 자세히 소개할 것이다.

## 2.14.5 Parallel Case

Verilog HDL에서 사용되는 case 문장은 분기 문장의 실행에 있어서 우선순위(priority)를 내포한다. case 문장은 첫 번째 case 아이템을 평가한 후, 그 실행 여부를 결정한다. 만약 조건이 일치하지 않을 경우, 그 다음을, 그리고 그 일치 여부에 따라 그 다음의 실행을 선택해 나가는 방식이다. 즉 case 아이템들의 제시 순서에 의해 case 문장의 실행 우선순위가 결정되는 것이다. 또한 Verilog HDL에서는 둘 혹은 그 이상의 case 아이템들이 동일한 값을 가질 수 있으며, casex 혹은 casez의 경우에서처럼 case 아이템들의 값이 중복(overelap)되는 것도 가능하다. 하지만, 언어의 문맥적 의미로는 case 문장의 우선순위에 의해 일치되는 첫 번째 case 아이템만이 선택되어 실행된다.

하드웨어적으로 합성되는 case 문장의 문맥적 의미를 정확히 표현하기 위해 내포된(nested) if 문장 형태의 회로가 합성된다. 다음의 case 문장을 살펴보자.

```
module PriorityLogic (NextToggle, Toggle);
  input [2:0] Toggle;
  output [2:0] NextToggle;
  reg [2:0] NextToggle;

  always @ (Toggle)
    casex (Toggle)
      3'bxx1 : NextToggle = 3'b010;
      3'bx1x : NextToggle = 3'b110;
      3'b1xx : NextToggle = 3'b001;
      default : NextToggle = 3'b000;
    endcase
endmodule
// Synthesized netlist is shown in Figure 2-36.
```

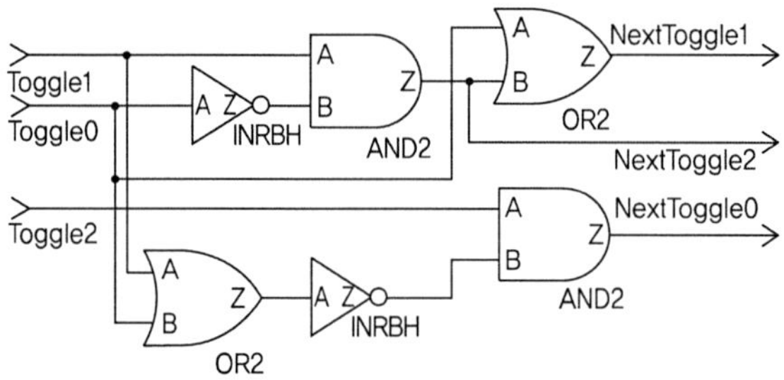


| 그림 2-36 | 우선 순위별 각 분기 선택 회로

이와 동일한 회로로 합성될 수 있는 if 문장의 구현은 다음과 같다.

```
if (Toggle[0] == 'b1)
  NextToggle = 3'b010;
else if (Toggle[1] == 'b1)
  NextToggle = 3'b110;
else if (Toggle[2] == 'b1)
  NextToggle = 3'b001;
else
  NextToggle = 3'b000;
```

한편, 주어진 모든 case 아이템들이 상호 배타적인 값을 가진다는 사실을 설계자가 미리 알고 있다면 어떻게 되겠는가? 이러한 경우 우선순위를 가지는 회로 대신 case 문장을 제어하기 위한 디코더 회로가 합성된다. 즉 모든 case 아이템들을 동시에 (parallel) 평가하는 회로가 생성된다[5].

따라서 case 문장에서 나열된 아이템들이 상호 배타적일 경우는, 이러한 정보를 합성 도구에게 추가적으로 전달해 줄 필요가 있다. 이는 parallel_case 합성 지시자에 의해 합성 도구로 전달된다. case 문장에서 이와 같은 합성 지시자가 표현 되었을 경우, 합성 도구는 모든 case 아이템들이 상호 배타적이라는 정보를 가지고 case 문장을 해석하게 된다. parallel_case 합성 지시자는 Verilog HDL 모델 내부의 case 문장에 주석 형태로 명세된다. 주석으로 표현되었기 때문에, Verilog HDL 언어의 문맥적 의미에는 아무런 영향도 미치지 않는다. 결과적으로 parallel_case의 사용으로 인해, 우선순위가 없는 case 문장 제어 회로가 합성된다. 다음은 parallel_case를 활용하는 예제이다.

```
module ParallelCase (NextToggle, Toggle);
  input [2:0] Toggle;
  output [2:0] NextToggle;
  reg [2:0] NextToggle;

  always @ (Toggle)
    casex (Toggle)            // synthesis parallel_case
      3'bxx1 : NextToggle = 3'b010;
      3'bx1x : NextToggle = 3'b110;
      3'b1xx : NextToggle = 3'b001;
      default : NextToggle = 3'b000;
    endcase
endmodule
// Synthesized netlist is shown in Figure 2-37.
```

5) case 문장의 아이템 개수에 종속된 깊이를 가지는 내포 회로에서의 우선순위 회로 대신(이 경우 우선순위에 따라 순차적으로 평가됨), 각 case 아이템들을 동시에 평가하는 회로가 합성된다. 이는 합성된 회로의 실행 속도 향상에 영향을 미치는 요소가 된다.

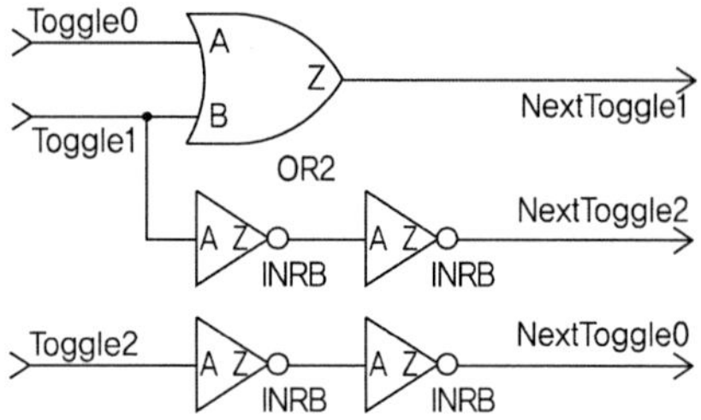


| 그림 2-37 | parallel_case 지시자를 활용하는 회로

그림 2-37과 동일한 회로로의 합성을 가능하게 하는 if 문장은 다음과 같다. 주의해야할 점은 제시된 if 문장들 가운데 단 하나의 문장만이 참이 되도록 보장해야 한다는 것이다.

```
if (Toggle[0] == 'b1)
  NextToggle = 3'b010;

if (Toggle[1] == 'b1)
  NextToggle = 3'b110;

if (Toggle[2] == 'b1)
  NextToggle = 3'b001;

if ((Toggle[0] != 'b1) && (Toggle[1] != 'b1) && (Toggle[2] != 'b1))
  NextToggle = 3'b000;
```

합성 지시자의 사용에서와 같이 위에서 주어진 예제는 그림 2-37과 같은 회로로 합성된다. 합성 지시자가 없을 경우는 그림 2-36과 같은 우선순위를 가지는 회로로 합성되게 된다.

주의할 점은, full_case의 경우에서와 마찬가지로, parallel_case 합성 지시자의 사용이 합성 과정에서 Verilog HDL로 명세된 설계 모델과 합성 결과 생성된 네트리스트 사이에 기능적 불일치를 초래할 수 있다는 사실이다. 5장에서 이와 관련된 사항을 보다 더 자세히 다룰 것이다.

### 2.14.6 비상수 case 아이템

Verilog HDL에서는, case 아이템으로 비상수 수식(non-constant expression)을 사용하는 것이 가능하다. 다음의 우선순위 인코더의 예제를 살펴보자.

```
module PriorityEncoder (Pbus, Address);
  input [0:3] Pbus;
  output [0:1] Address;
  reg [0:1] Address;

  always @ (Pbus)
    case (1'b1)                    // synthesis Full_case
      Pbus[0] : Address = 2'b00;
      Pbus[1] : Address = 2'b01;
      Pbus[2] : Address = 2'b10;
      Pbus[3] : Address = 2'b11;
  endcase
endmodule
// Synthesized netlist is shown in Figure 2-38.
```

주어진 예제는 full_case 합성 지시자의 사용이 필요하다. 그렇지 않을 경우, *Address*에 대한 의도하지 않은 래치가 생성될 수 있다. 대안으로, case 문장 이전에 *Address*에 대한 기본값을 먼저 할당할 수 있다. 이는 래치의 생성을 예방해 주며, 합성 지시자의 추가적 사용도 필요 없게 한다. 다음의 always 문장이 이러한 상황을 보여준다.

```
always @ (Pbus)
begin
  Address = 2'b00;
  case (1'b1)
    Pbus[0] : Address = 2'b00;
    Pbus[1] : Address = 2'b01;
    Pbus[2] : Address = 2'b10;
    Pbus[3] : Address = 2'b11;
  endcase
end
```

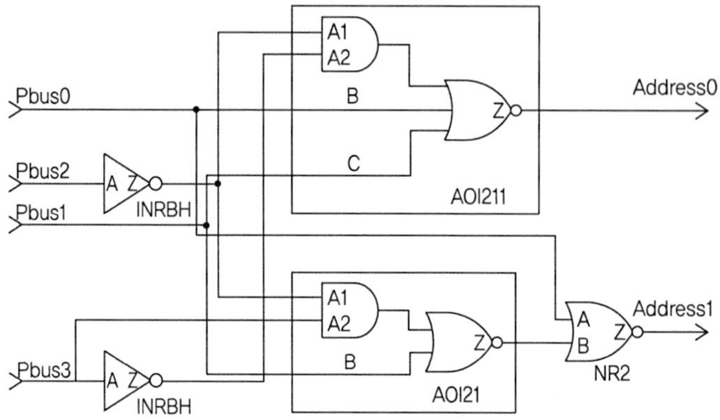


| 그림 2-38 | case 문장을 활용한 우선순위 인코더

## 2.15 래치 생성에 대한 추가 사항

래치는 불완전하게 명세 된, 즉 모든 실행 경로에 대한 명세가 이루어지지 않은 if 문장 혹은 case 문장의 사용에 의해 생성되게 된다. 다시 말해, if 문장 혹은 case 문장에서 값 할당의 대상이 되는 변수들이 모든 분기 경로에 대하여 적절한 기본값을 가지지 못할 경우 해당 변수에 대한 래치가 생성되게 된다. 다음의 예제를 살펴보자.

```
module LatchExample (ClockA, CurrentState, NextState);
  input ClockA;
  input [3:0] CurrentState;
  output [3:0] NextState;
  reg [3:0] NextState;

  always @ (ClockA or CurrentState)
    if (ClockA)
      NextState = CurrentState;
endmodule
// Synthesized netlist is shown in Figure 2-39.
```

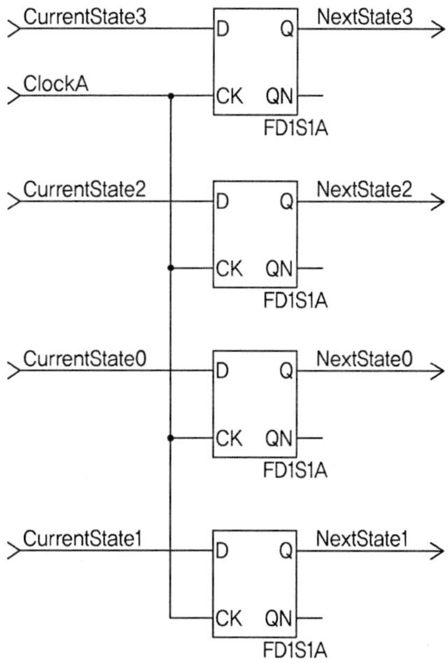


| 그림 2-39 | 래치를 생성시키는 불완전 명세

변수 *NextState*는 *ClockA*가 1인 경우에만 값 할당을 받게 된다. 즉 *ClockA*가 0인 경우에 대한 명시적인 값 할당이 이루어지지 않았기 때문에, 이 경우 *NextState* 변수는 이전값을 유지하게 되며, 이는 곧 래치의 생성을 의미한다.

### 지역적으로 선언된 변수 (Locally Declared Variable)

Always 문장 내부에서 사용되는 지역 변수의 경우에도, 불완전하게 조건 명세가 이루어진다면 래치가 생성된다. 다음의 예제를 살펴보자.

```
module LocalIntLatch (Clock, CurrentState, NextState);
  input Clock;
  input [3:0] CurrentState;
  output [3:0] NextState;
  reg [3:0] NextState;

  always @ (Clock or CurrentState)
  begin: L1
    integer Temp;

    if (Clock)
```

```
      Temp = CurrentState;

    NextState = Temp;
  end
endmodule
// Synthesized netlist is shown in Figure 2-40.
```

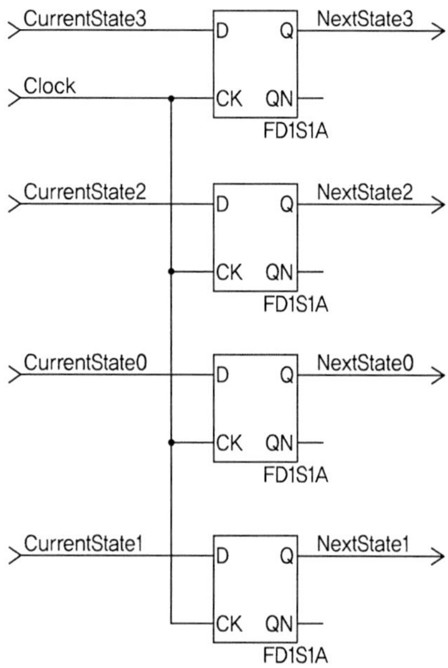


| 그림 2-40 | 래치로 생성된 지역 변수

## 사용 이전에 할당된 변수 (Variable Assigned Before Use)

만약 조건 문장 내의 특정 변수에 대하여, 그 변수에 대한 값 할당이 먼저 이루어지고 난 후, 할당된 그 값이 사용되었다면, 다음의 예제에서 보이는 바와 같이 래치가 생성되지 않는다. 변수 *Temp*가 *Clock*의 변화 사이에 값을 저장하고 있을 필요가 없기 때문이다.

```
module LocalIntNoLatch (Clock, CurrentState, NextState);
  input Clock;
  input [3:0] CurrentState;
  output [3:0] NextState;
```

```
  reg [3:0] NextState;

  always @ (Clock or CurrentState)
  begin: L1
    integer Temp;

    if (Clock)
    begin
      Temp = CurrentState;
      NextState = Temp;
    end
  end
endmodule
// Synthesized netlist is shown in Figure 2-40.
```

### 할당 이전에 사용 (Use Before Assigned)

불완전하게 명세 된 조건 문장에 있어서, 변수에 대한 값 할당 이전에 참조된 변수의 경우는 래치가 생성된다. 다음의 예제를 살펴보자.

```
module RegUsedBeforeDef (ClockZ, CurrentState, NextState);
  input ClockZ;
  input [3:0] CurrentState;
  output [3:0] NextState;
  reg [3:0] NextState;

  reg [3:0] Temp;

  always @ (ClockZ or CurrentState or Temp)
    if (ClockZ)
    begin
      NextState = Temp;
      Temp = CurrentState;
    end
endmodule
// Synthesized netlist is shown in Figure 2-41.
```

*Temp*가 정수형 변수인 경우에는 어떻게 되겠는가? 다음의 예제를 살펴보자.

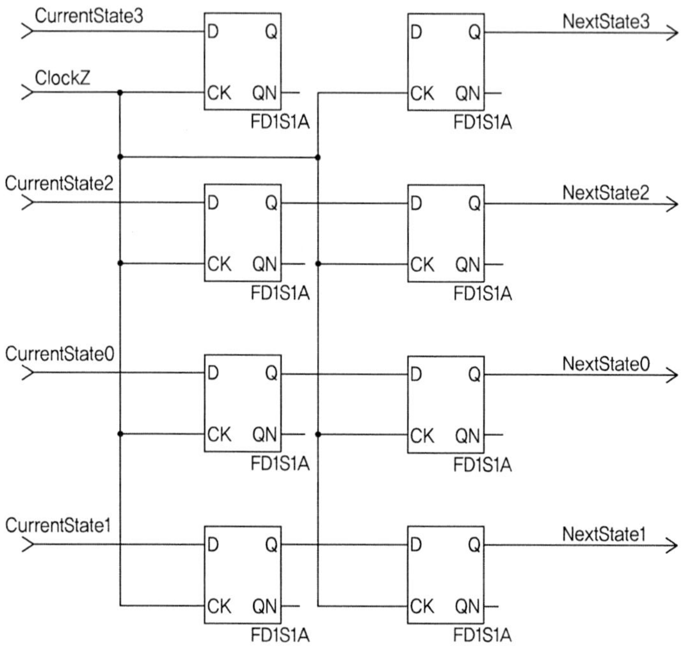


| 그림 2-41 | 조건문에서 할당 이전에 사용된 변수

```
module LocalIntUsedBeforeDef (ClockY, CurrentState, NextState);
  input ClockY;
  input [3:0] CurrentState;
  output [3:0] NextState;
  reg [3:0] NextState;

  always @ (ClockY or CurrentState)
  begin: L1
    integer LocalInt;

    if (ClockY)
    begin
      NextState = LocalInt;
      LocalInt = CurrentState;
    end
  end
endmodule
```

이러한 경우는 합성 시스템에 따라 서로 다르게 취급될 수 있다. 대부분의 합성 시스템에서는 지역 변수 *LocalInt*에 대하여 정의 이전에 사용한 것에 대한 오류 메시지를 발생시킬 것이다. 혹은 경고 메시지를 출력하고 해당 지역 변수에 대한 래치를 생성시키지 않을 수도 있다.

### 2.15.1 비동기적 Preset과 Clear의 래치

어떤 조건식의 특정 분기 경로에서 래치로 발생되는 변수가 상수값으로 할당되는 경우가 있다. 그 가운데 상수 1의 값을 가지는 변수는 preset 단말(terminal) 래치를 할당받게 되며, 상수 0의 값을 가지는 변수는 clear 단말 래치를 할당받게 된다. 다음의 예제를 살펴보자.

```
module AsyncLatch (ClockX, Reset, Set, CurrentState, NextState);
  input ClockX, Reset, Set;
  input [3:0] CurrentState;
  output [3:0] NextState;
  reg [3:0] NextState;

  always @ (Reset or Set or ClockX or CurrentState)
    if (! Reset)
      NextState = 12;
    else if (! Set)
      NextState = 5;
    else if (! ClockX)
      NextState = CurrentState;
endmodule
// Synthesized netlist is shown in Figure 2-42.
```

적절한 preset과 clear 단말 제어 신호와 함께, *NextState*를 위한 4개의 래치가 합성되었다.

앞서 주어진 예제의 경우, 합성 시스템은 경우에 따라서 비동기적(asynchronous) preset과 clear 신호의 래치를 생성시키지 않을 수도 있다. 그 대신, 단순한 D 입력 형태의 래치에 preset과 clear 신호를 직접 연결 할 수 있다. 그림 2-43이 이러한 결과를 보여준다.

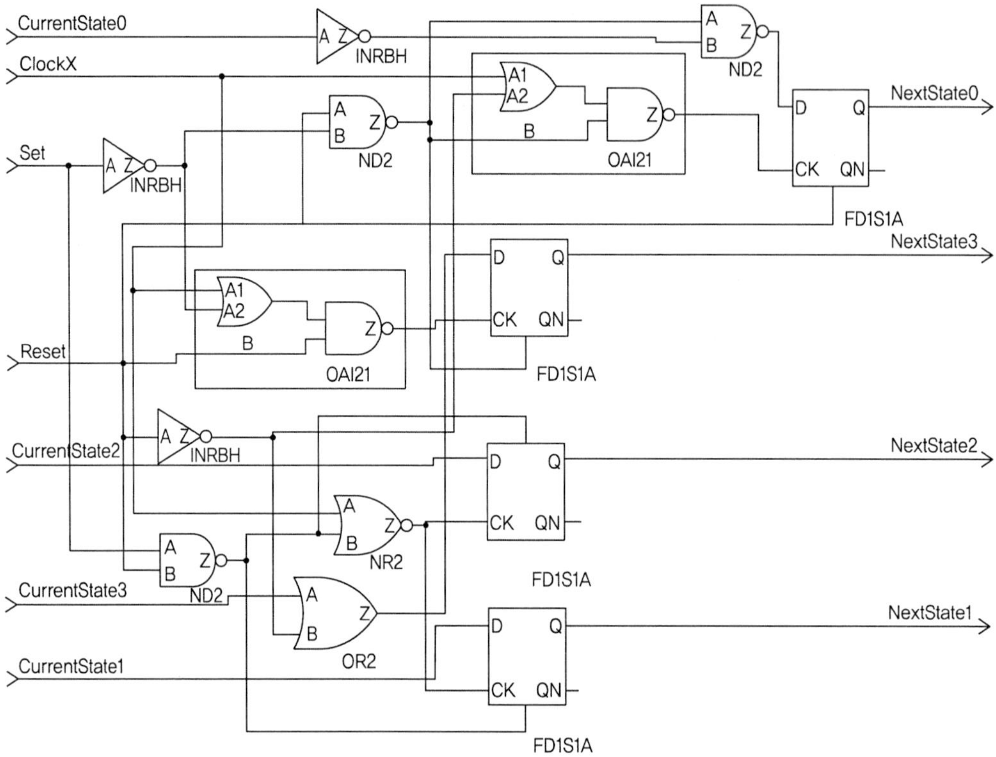


| 그림 2-42 | 비동기적 preset과 clear를 가지는 래치

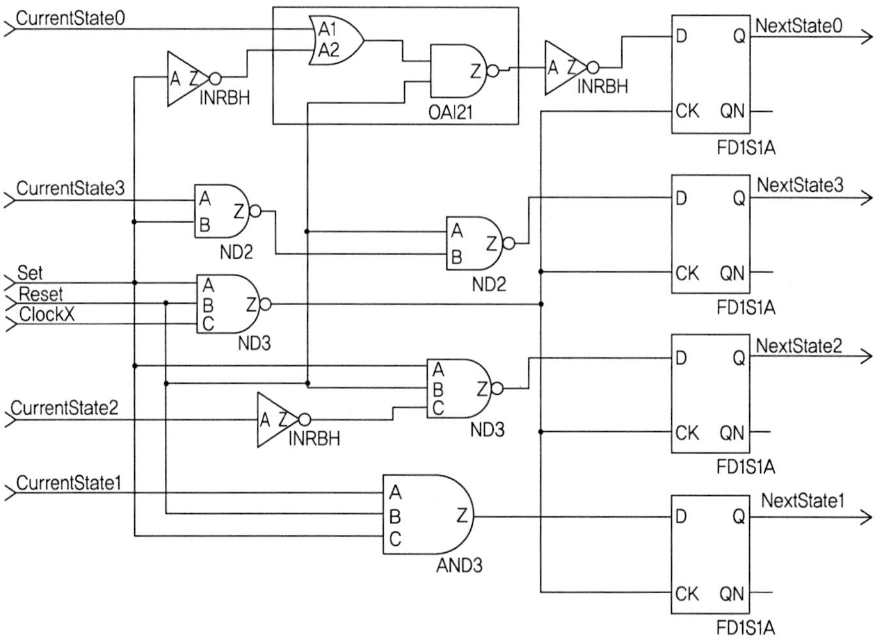


| 그림 2-43 | 비동기적 preset과 clear를 가지지 않는 래치

## 2.16 반복 문장

Verilog HDL에서는 다음과 같은 4가지 종류의 반복 문장(loop statement)이 있다.

- while-loop
- for-loop
- forever-loop
- repeat-loop

우선, for-loop 문장은 하드웨어적 합성으로 지원되는 Verilog HDL 구성자이다. 실질적으로 for-loop 문장은 해당 문장을 반복 횟수만큼 풀어서 명세함(loop unrolling)으로 구현된다. 즉 합성과정에서 for-loop 내부의 문장들은 for-loop의 인덱스 값만큼 반복적으로 재차 명세된다. 이러한 특성으로 인해, for-loop 문장은 실행되기 전에 유한한 크기의 상수값을 반복 인덱스로 가져야 하는 제약이 있다. 다음의 for-loop 예제를 살펴보자.

```
module DeMultiplexer (Address, Line);
  input [1:0] Address;
  output [3:0] Line;
  reg [3:0] Line;

  integer J;

  always @ (Address)
    for (J = 0; J >= 0; J = J - 1)
      if (Address == J)
        Line[J] = 1;
      else
        Line[J] = 0;
endmodule
// Synthesized netlist is shown in Figure 2-44.
```

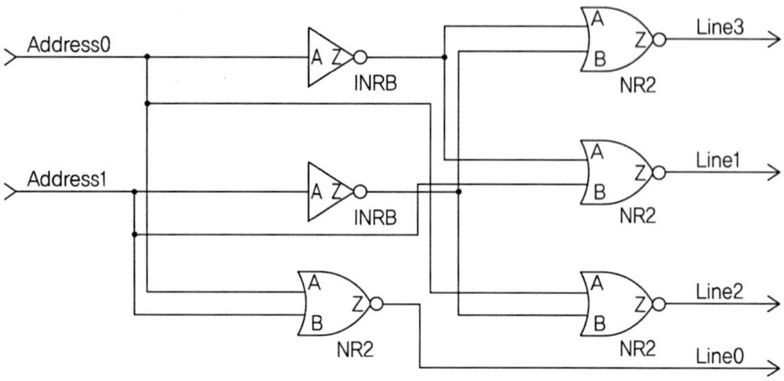


| 그림 2-44 | for-loop 예제

앞서 제시된 for-loop이 확장될 경우, 주어진 코드는 다음에서와 같이 4개의 if 문장으로 변경된다.

```
if (Address == 3) Line[3] = 1; else Line[3] = 0;
if (Address == 2) Line[2] = 1; else Line[2] = 0;
if (Address == 1) Line[1] = 1; else Line[1] = 0;
if (Address == 0) Line[0] = 1; else Line[0] = 0;
```

## 2.17 플립플롭 모델링

플립플롭(flip flop)은 always 문장 내부에서 특정한 형태로 값 할당이 이루어지는 변수로부터 생성된다. 다음은 always 문장의 기본 형태이다.

```
always @ (<clock_event>)
  <statement>
```

이 경우 <clock_event>는 다음 중 하나이다.

```
posedge <clock_name>
negedge <clock_name>
```

Always 문장의 의미는, <*statement*>에 명세된 모든 문장들이 클록의 상승 에지(rising edge) 혹은 하강 에지(falling edge)에서 수행이 된다는 뜻이다. 이 같은 형태의 always 문장을 clocked always 문장이라고 부른다.

순차회로를 설계할 경우 Verilog HDL의 모델링 권고 지침은 다음과 같다. 첫째, 변수를 위한 clocked always 문장의 사용과 둘째, 해당 always 문장 내부에서 non-blocking 절차적 할당 문장의 사용이다. 이는 Verilog HDL의 설계 모델과 합성된 네트리스트 사이의 기능적 불일치를 방지하기 위함이다. Clocked always 문장 내부의 non-blocking 절차적 할당 문장은 순차회로의 논리 동작을 가장 정확하게 묘사할 수 있다.

다음의 예제를 살펴보자.

```
module PickOne (A, B, Clock, Control, Zee);
  input A, B, Clock, Control;
  output Zee;
  reg Zee;

  always @ (negedge Clock)
    if (Control)
      Zee <= A;
    else
      Zee <= B;
endmodule
// Synthesized netlist is shown in Figure 2-45.
```

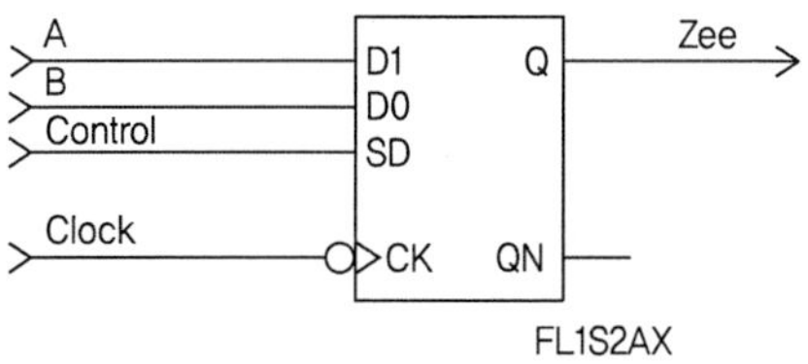


| 그림 2-45 | always 문장을 사용한 순차회로의 합성

출력값 *Zee*의 할당은 클록의 하강 에지에서만 발생한다. 따라서 변수 *Zee*는 falling-edge-triggered 플립플롭으로 생성된다. 그림에서 보여지는 플립플롭은 입력 선택을 위한 용도이다. 즉 입력 신호 *Control*은 플립플롭의 입력값으로 *A* 혹은 *B* 가운데 하나의 값을 선택한다.

다음에 주어진 또 다른 예제를 살펴보자.

```
module Incrementor (ClockA, Counter);
  parameter COUNTER_SIZE = 2;
  input ClockA;
  output [COUNTER_SIZE-1:0] Counter;
  reg [COUNTER_SIZE-1:0] Counter;

  always @ (posedge ClockA)
    Counter <= Counter + 1;
endmodule
// Synthesized netlist is shown in Figure 2-46.
```

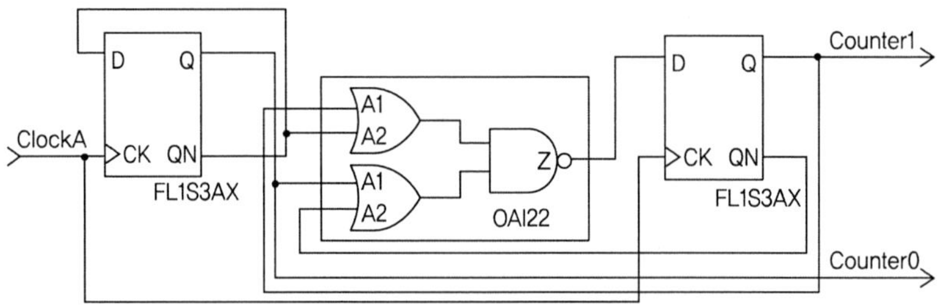


| 그림 2-46 | 플립플롭 모델링

주어진 always 문장은 *ClockA*의 상승 에지에서 *Counter* 변수의 값을 증가시킨다. *Counter* 변수는 클록 변수에 의해 값 할당이 제어되기 때문에, *Counter* 변수를 위한 rising-edge-triggered 플립플롭이 생성된다.

다음의 예제는 플립플롭을 활용한 상승-하강 카운터(up-down counter)이다.

```
module UpDownCounter (Control, ClockB, Counter);
  input Control, ClockB;
  output [1:0] Counter;
  reg [1:0] Counter;

  always @ (negedge ClockB)
    if (Control)
      Counter <= Counter + 1;
```

```
        else
          Counter <= Counter - 1;
    endmodule
    // Synthesized netlist is shown in Figure 2-47.
```

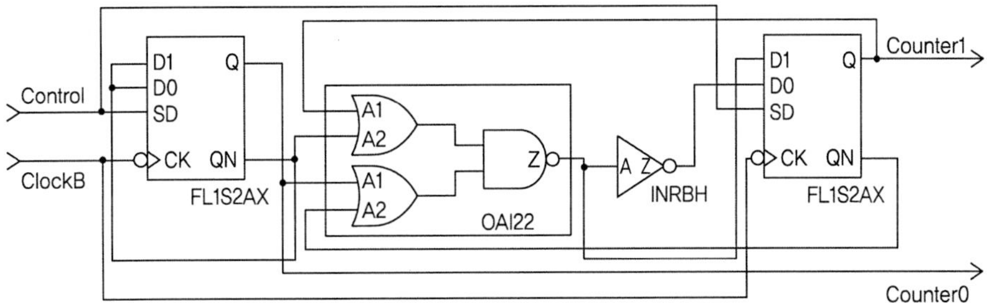


| 그림 2-47 | falling-edge-triggered 플립플롭

변수 *Counter*는 falling-edge-triggered 클록인 *ClockB*에 의해 값 할당에 대한 제어가 이루어진다. 따라서 *Counter* 변수를 위한 2개의 falling-edge-triggered 플립플롭이 생성된다.

플립플롭의 생성 규칙은 다음과 같이 단순하다. 만약 특정 변수가 클록 에지의 제어하에서 값 할당을 받게 된다면, 해당 변수는 플립플롭으로 생성된다. 이에 대한 예외 경우는, always 문장 내부에서 지역적으로 값이 할당되고 사용된 경우이다.

다음의 주어진 예제를 살펴보자.

```
    module FlipFlop (Clk, CurrentState, NextState);
      input Clk;
      input [3:0] CurrentState;
      output [3:0] NextState;
      reg [3:0] NextState;

      always @ (posedge Clk)
        NextState <= CurrentState;
    endmodule
    // Synthesized netlist is shown in Figure 2-48.
```

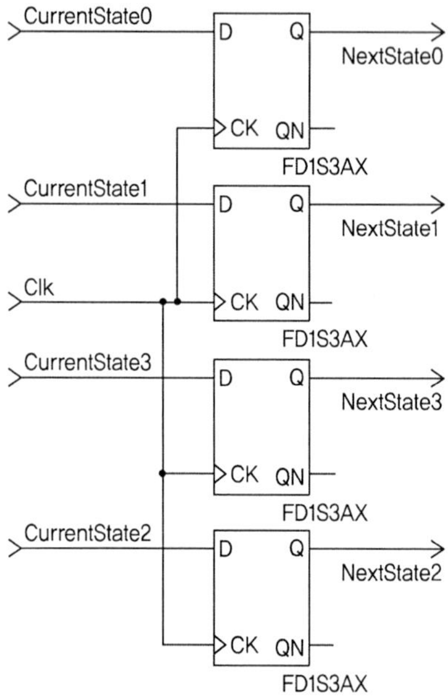


| 그림 2-48 | 클록의 제어 하에 할당된 변수로서 생성된 플립플롭

이 예제에서는 *NextState*의 값 할당이 클록 *Clk*의 상승 에지에서 발생하게 된다. 따라서 4개의 rising-edge-triggered 플립플롭[6]이 *NextState*를 위해 생성된다.

만약 falling-edge-triggered 플립플롭을 발생시키기 위해서는 클록 에지에 대한 동작을 다음과 같이 변경하면 된다.

```
negedge Clk
```

특정 클록의 제어 하에 값 할당이 이루어지는 integer 변수도 플립플롭으로 생성될 수 있다. 다음은 클록의 제어 하에 값 할당이 이루어지는 integer 변수의 사용 예제이다. 이 경우 4개의 플립플롭이 integer 변수 *IntState*를 위해 생성된다. 변수의 나머지 상위 비트들은 실제 사용되지 않는 비트들이기 때문에 최적화 과정에서 제거된다.

6) 0에서 15까지의 값을 저장하기 위한 공간

```
module FlipFlopInt (Clk, CurrentState, NextState);
  input Clk;
  input [3:0] CurrentState;
  output [3:0] NextState;

  integer IntState;

  always @ (posedge Clk)
    IntState <= CurrentState;

  assign NextState <= IntState;
endmodule
// Synthesized netlist is shown in Figure 2-48.
```

### 변수의 지역적 사용 (Local Use of Variable)

이상의 언급된 모든 경우들에서 보인바와 같이, 변수들이 클록의 적절한 제어 하에 값 할당이 이루어지고, 해당 값들이 always 문장 외부에서 사용된다면, 그 값들은 플립플롭으로 저장될 필요가 있다.

만약 변수가 전역적(global)으로 always 문장 바깥에서 정의되고, always 문장 내부에서 지역적(local)으로만 사용된다면 어떻게 되겠는가? 다음에 주어진 예제를 살펴보자.

```
module GlobalReg (Clk, CurrentState, NextState);
  input Clk;
  input [3:0] CurrentState;
  output [3:0] NextState;
  reg [3:0] NextState;

  reg [3:0] Temp;

  always @ (negedge Clk)
  begin
    Temp = CurrentState;
    NextState <= Temp;
  end
endmodule
```

주어진 예제에서 *Temp*는 클록 신호의 제어 하에 값의 할당이 이루어졌다. 하지만 해당 변수의 값은 같은 클록 주기(cycle) 내에서 할당 후 바로 사용되었기 때문에, 이에 대한 플립플롭이 생성되지 않는다. 합성된 네트리스트는 그림 2-48과 같다. 이러한 경우, *Temp*는 단지 중간 값을 저장하기 위한 임시 공간(intermediate variable)에 불가하다. 따라서 첫 번째 문장에서 값 할당이 이루어진 *Temp*의 값이 두 번째 문장에서 올바르게 사용되기 위해서는 blocking 할당 문장이 사용되어야 한다. 한편, non-blocking 할당 문장은 *NextState*의 할당을 위해 사용되었으며, 해당 경우는 플립플롭으로 생성된다.

만약 위의 예제에 있어서, 주어진 문장들의 순서를 바꾸면 어떻게 되겠는가? 이러한 경우는 *Temp*의 값이 할당 이전에 사용되었기 때문에, 이전 클록 주기에서부터 *Temp*의 값을 유지해야 할 필요가 있다. 따라서 *Temp*를 위한 플립플롭이 생성된다. *Temp*는 always 문장의 내부 상태로 모델링 된다. 이에 대한 예제는 다음과 같다.

```
module RegUseDef (Clk, CurrentState, NextState);
  input Clk;
  input [3:0] CurrentState;
  output [3:0] NextState;
  reg [3:0] NextState;

  reg [3:0] Temp;

  always @ (negedge Clk)
  begin
    NextState <= Temp;
    Temp = CurrentState;
  end
endmodule
// Synthesized netlist is shown in Figure 2-49.
```

이러한 경우, *NextState* 변수뿐만 아니라 *Temp* 변수도 falling-edge-triggered 플립플롭으로 생성된다.

만약 변수가 always 문장 내부에서 지역적으로 선언된 경우는 어떻게 되겠는가?

Always 문장 내부에서 지역적으로 선언된 변수들은, 그 데이터 형이 integer 형이든 reg 형이든 관계없이 플립플롭을 발생시키지 않는다. 이는 잠재적으로 합성 과정에서 Verilog HDL로 명세된 설계 모델과 합성 결과 생성된 네트리스트 사이에 기능적 불일치를 초래할 수 있다. 다음에 주어진 예제는 플립플롭을 생성시키지 않는 지역적으로 선언된 *Temp* 변수의 사용에 대한 경우이다.

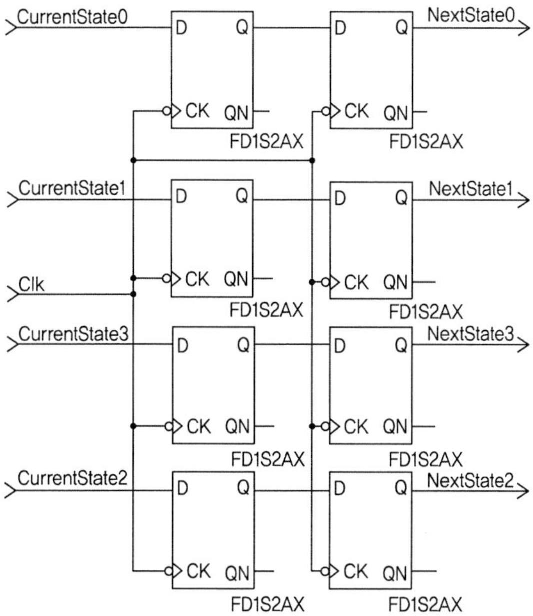


| 그림 2-49 | 정의 이전에 사용된 변수는 플립플롭을 야기함

```
module LocalVarAssignUse (Clk, CurrentState, NextState);
  input Clk;
  input [3:0] CurrentState;
  output [3:0] NextState;
  reg [3:0] NextState;

  always @ (posedge Clk)
  begin: LabelA
    reg [3:0] Temp;

    Temp = CurrentState;
    NextState <= Temp;
  end
endmodule
```

주어진 경우에 있어서 변수 *Temp*는 데이터 형이 reg이지만 플립플롭으로 생성되지 않는다. 이는 변수가 always 문장 내부에 지역적으로 선언되었을 뿐만 아니라, 동일 클록 주기 내에서 해당 변수의 값이 할당 되었고 그 후 바로 사용되었기 때문이다. 변수 *NextState*는 플립플롭으로 생성된다. 이는 always 문장 외부에서 사용되기 때문이다. 합성된 네트리스트는 그림 2-48과 동일하다.

하지만 주어진 예제에 있어서 할당 문장들의 순서가 바뀔 경우, 설계 모델과 합성된 네트리스트 사이에 기능적 불일치가 발생할 수 있다. Always 문장 내부에서 지역적으로 선언된 변수는 플립플롭이 생성되지 않기 때문이다. 다음의 예제를 살펴보자.

```
module LocalVarUseAssign (Clk, CurrentState, NextState);
  input Clk;
  input [3:0] CurrentState;
  output [3:0] NextState;
  reg [3:0] NextState;

  always @ (posedge Clk)
  begin: LabelA
    reg [3:0] Temp;

    NextState <= Temp;
    Temp = CurrentState;
  end
endmodule
```

합성된 네트리스트는 그림 2-48과 동일하다. 모든 클록 에지에서 변수 *NextState*는 이전 클록 주기에서 할당된 변수 *Temp*의 값을 받아들인다. 하지만 실제 합성된 회로 상에서는 플립플롭이 발생하지 않기 때문에, 이 같은 설계 모델의 기능이 합성된 회로에서는 반영되지 못하고 있다. 이를 위한 Verilog HDL의 설계상 권고 지침은, always 문장 내부에서 지역적으로 선언된 변수의 사용을 자제하라는 것이다. 또한 합성 시스템은 변수 *Temp*를 위한 플립플롭의 미생성에 대한 경고 메시지를 출력할 수도 있다.

### 2.17.1 다중 클록(multiple clock)

Verilog HDL에서는, 하나의 단일 모듈 내부에서 서로 다른 클록으로부터 각각 제어를 받는 여러 개의 always 문장의 구성이 가능하다. 다음의 예제를 살펴보자.

```
module MultipleClocks (Vt15Clock, AddClock, AdN,
       ResetN, SubClr, SubN, DslClock, DslAdd, DslSub);
  input Vt15Clock, AddClock, AdN, ResetN, SubClr,
        SubN, DslClock;
  output DslAdd, DslSub;
  reg DslAdd, DslSub;
  reg AddState, SubState;

  always @ (posedge Vt15Clock)
  begin
    AddState <= AddClock ^~ (AdN | ResetN);
    SubState <= SubClr ^ (SubN & ResetN);
  end

  always @ (posedge DslClock)
  begin
    DslAdd <= AddState;
    DslSub <= SubState;
  end
endmodule
// Synthesized netlist is shown in Figure 2-50.
```

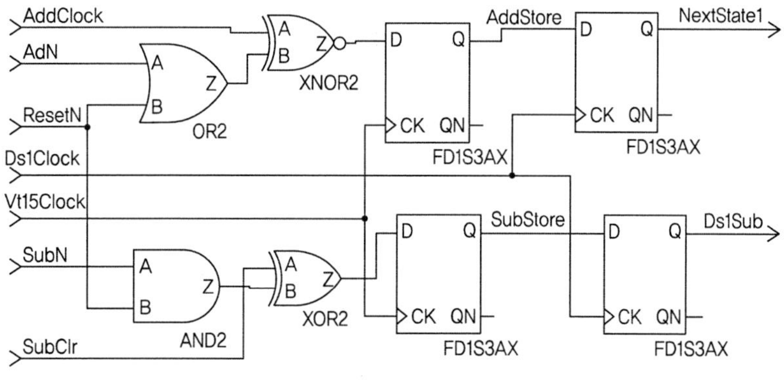


| 그림 2-50 | 하나의 always 문장 내부의 다중 클록

주어진 예제는 두 개의 always 문장을 가지고 있다. 첫 번째 always 문장은 *Vt15Clock* 클록의 상승 에지에서 제어를 받는다. 반면 두 번째 always 문장은 *Ds1Clock* 클록의 상승에지에서 제어를 받는다.

합성 시스템에 부여되는 Verilog HDL의 일반적인 모델링 제약사항은, "특정 변수가 둘 이상의 클록 신호의 제어 하에서 값 할당을 받을 수 없다"는 것이다. 예를 들면, 두 번째 문장에서의 *AddState* 변수에 대한 값 할당이 존재할 경우, 이는 오류이다.

## 2.17.2 다중 단계(multi-phase) 클록

Verilog HDL에서는 하나의 단일 module 내에서 동일한 클록의 서로 다른 동작 유발 에지의 사용이 가능하다. 다음은 동일한 클록을 사용하되, 서로 다른 단계를 활용하는 사례이다.

```
module MultiPhaseClocks (Clk, A, B, C, E);
  input Clk, A, B, C;
  output E;
  reg E, D;

  always @ (posedge Clk)
    E <= D | C;

  always @ (negedge Clk)
    D <= A & B;
endmodule
// Synthesized netlist is shown in Figure 2-51.
```

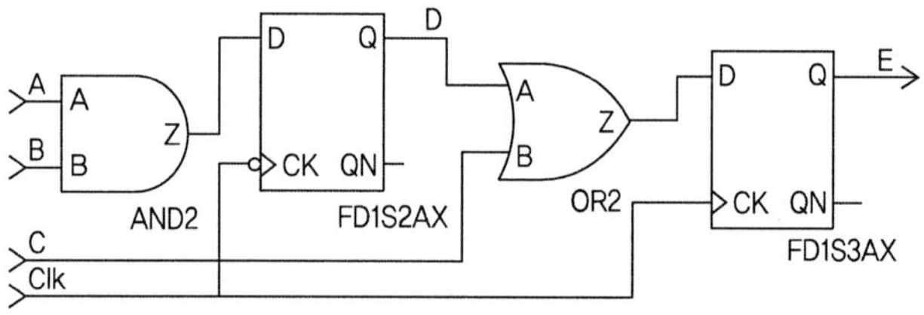


| 그림 2-51 | 동일 클록의 서로 다른 단계 활용

주어진 예제에서의 첫 번째 always 문장은 클록 *Clk*의 상승 에지에 의해 동작이 제어된다. 반면 두 번째 always 문장은 클록 *Clk*의 하강 에지에 의해 동작이 제어된다.

이러한 경우 합성 시스템에 의해서 제한되는 Verilog HDL의 일반적인 모델링 제약사항은, "특정 변수가 동일한 클록의 서로 다른 클록 단계로부터 제어를 받으며 값 할당을 수행할 수 없다"는 것이다. 예를 들면, 첫 번째 문장에서 변수 *D*에 대한 값 할당이 존재할 경우, 이는 오류이다.

### 2.17.3 비동기적 Preset과 Clear

우리는 지금까지 단순한 형태의 D-type 플립플롭의 생성만을 고려하였다. 만약 비동기적 preset과 clear 기능을 가지는 플립플롭을 생성하게 된다면 어떻게 되겠는가? 그와 같은 플립플롭을 생성하기 위해서는 특별한 형태의 `if` 문장 사용이 필요하다. 다음의 Verilog HDL 설계 기본형(template)이 이를 잘 묘사하고 있다.

```
always @ (posedge A or negedge B or negedge C . . .
          or posedge Clock)
  if (A)                    // posedge A.
    <statement>             // Asynchronous logic.
  else if (! B)             // negedge B.
    <statement>             // Asynchronous logic.
  else if (! C)             // negedge C.
    <statement>             // Asynchronous logic.
  . . .                     // Any number of else if's.
  else                      // posedge clock implied.
    <statement>             // Synchronous logic.
```

Always 문장의 @ 기호 이후에 나열된 괄호 안의 event-list들은 나열 개수에 제약 없이 에지 event들을 가질 수 있다[7]. 동기화된 회로의 구현을 위해, event 가운데 하나는 클록 event여야 한다. 그 외의 나머지 event들은 비동기적으로 실행되는 회로의 조건에 해당한다. 이와 같은 동작을 구현하기 위해 always 문장은 하나의 `if` 문장과 다수개의 `else if` 문장으로 구성된다. 각각의 `if` 문장은 event-list 가운데 대응하는 하나의 에지에 대한 동작 명세의 역할을 수행한다. 가장 마지막 `else` 문장은 클록 에지에 대응된다. `if` 문장의 조건들은 반드시 event-list에 명세된 에지 타입에 대응되어야 한다. 예를 들어 "**posedge** *A*"가 event-list에 나타날 경우 `if` 문장은 다음과 같이 시작한다.

```
if (A)
```

7) 이 경우 상승 에지 혹은 하강 에지에 관계없이 다양한 event 유발이 가능하다.

만약 "**negedge** *B*"가 event-list에 나타날 경우 if 문장은 다음과 같이 시작한다.

```
if (! B)
```

마지막 else 문장을 제외한 각각의 if 문장들은 비동기적 회로를 표현한다. 반면 마지막 else 문장은 동기적 회로를 표현하게 된다.

만약 특정 변수가 비동기적 회로와 동기적 회로로부터 동시에 값을 할당 받았다면, 해당 변수는 비동기적 preset 혹은 clear를 가지는 플립플롭으로 합성될 것이다. 할당된 값에 따라서 플립플롭은 비동기 preset (0이 아닌 값이 할당된 경우), 혹은 비동기 clear (0의 값이 할당된 경우), 혹은 두 가지를 모두 포함하는 플립플롭의 형태가 된다.

다음에 비동기적 preset과 clear를 사용하는 상승-하강 카운터가 소개되어 있다.

```
module AsyncPreClrCounter (Clock, Preset, UpDown,
                           Clear, PreserData, Counter);
  parameter NUM_BITS = 2;
  input Clock, Preset, UpDown, Clear;
  input [NUM_BITS-1:0] PreserData;
  output [NUM_BITS-1:0] Counter;
  reg [NUM_BITS-1:0] Counter;

  always @ (posedge Preset or posedge Clear or posedge Clock)
    if (Preset)
      Counter <= PresetData;
    else if (Clear)
      Counter <= 0;
    else                      // Implicit posedge clock.
    begin                     // Synchronous part.
      if (UpDown)
        Counter <= Counter + 1;
      else
        Counter <= Counter - 1;
    end
endmodule
// Synthesized netlist is shown in Figure 2-52.
```

*PresetData*와 같은 비동기적 데이터 입력은 문제를 야기할 수 있다. *Preset*이 1이고 *PresetData* 값이 변화되는 경우를 고려해 보자. 새롭게 변화된 *PresetData*의 값은 Verilog HDL에서 반영되지 않는다. 반면, 합성된 네트리스트에서는 *Counter*로 해당 변화가 전파된다. 비동기적 데이터 입력은 사용에 있어서 많은 주의를 요구한다.

다음에 비동기적 preset과 clear를 사용하여 플립플롭을 생성시키는 또 다른 예제가 소개되어 있다.

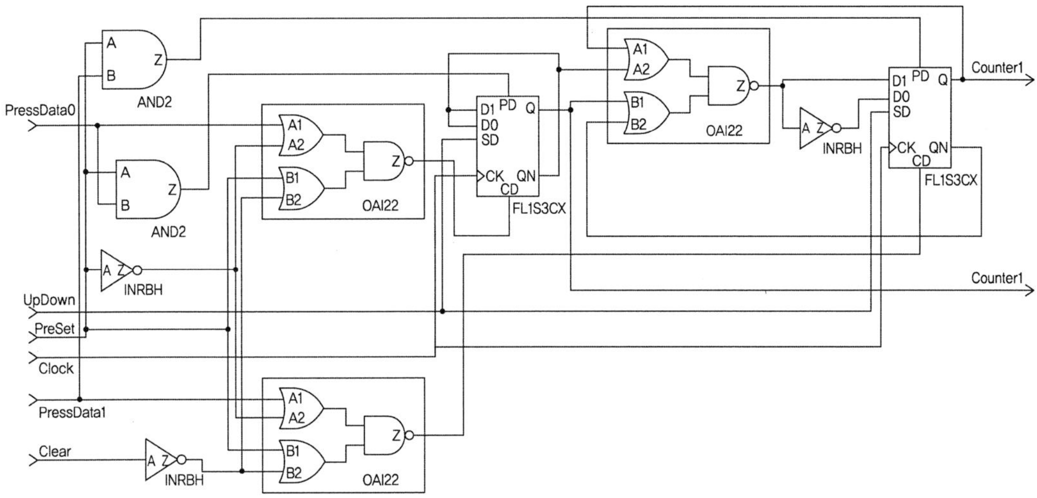


| 그림 2-52 | 비동기적 preset과 clear를 사용하는 플립플롭

```
module AsyncFlipFlop (ClkA, Reset, Set, CurrentState,
                      NextState);
  input ClkA, Reset, Set;
  input [3:0] CurrentState;
  output [3:0] NextState;
  reg [3:0] NextState;

  always @ (negedge Reset or negedge Set or negedge ClkA)
    if (! Reset)
      NextState <= 12;                    // Statement A.
    else if (! Set)
      NextState <= 5;                     // Statement B.
    else
      NextState <= CurrentState;          // Statement C.
```

```
endmodule
// Synthesized netlist is shown in Figure 2-53.
```

*NextState*는 문장 *C*의 클록 에지에 의해 제어되어 값이 할당되기 때문에, 그리고 또한 문장 *A*와 문장 *B*에서 비동기적으로 값의 할당이 이루어지기 때문에, 비동기적 preset과 clear를 사용하는 falling-edge-triggered 플립플롭으로 합성된다. 그림 2-53은 주어진 예제에 대한 합성 결과이다. 전체적으로 4개의 플립플롭이 필요하다. *NextState*의 최좌측 비트를 의미하는 첫 번째 플립플롭은 비동기적 preset과 clear를 가진다. 이는 *Reset*의 경우에 preset, 그리고 *Set*의 경우에 clear 되어야 하기 때문이다. 마찬가지로, 네 번째 플립플롭도 비동기적 preset과 clear를 가진다. 이는 *Set*의 경우에 preset, 그리고 *Reset*의 경우에 clear 되어야 하기 때문이다. 두번째 플립플롭은 하나의 preset만을 가진다. 이는 'b1이 두 조건에 있어서 비동기적으로 할당되기 때문이며, 세 번째 플립플롭의 경우는 하나의 clear만 가진다. 이는 'b0의 값이 두 조건에 있어서 비동기적으로 할당되기 때문이다.

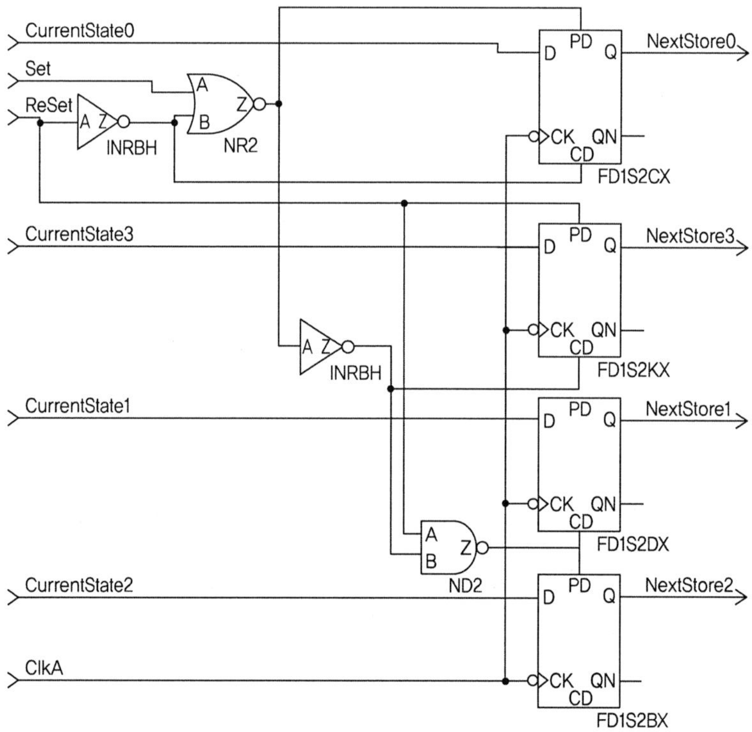


| 그림 2-53 | 비동기적 preset과 clear를 사용하는 플립플롭

### 2.17.4 동기적 Preset과 Clear

만약 동기적(synchronous) preset과 clear를 사용하여 플립플롭을 생성하게 된다면 어떻게 되겠는가? 해당 경우는 clocked always 문장 내부에서, 이에 종속된 preset과 clear를 명세하면 된다. 다음의 예제를 살펴보자.

```
module SynPresetCounter (Clock, Preset, UpDown,
                         PresetData, Counter);
  parameter NBITS = 2;
  input Clock, Preset, UpDown;
  input [0:NBITS-1] PresetData;
  output [0:NBITS-1] Counter;
  reg [0:NBITS-1] Counter;

  always @ (negedge Clock)
    if (Preset)
      Counter <= PresetData;
    else
      if (UpDown)
        Counter <= Counter + 1;
      else
        Counter <= Counter - 1;
endmodule
// Synthesized netlist is shown in Figure 2-54.
```

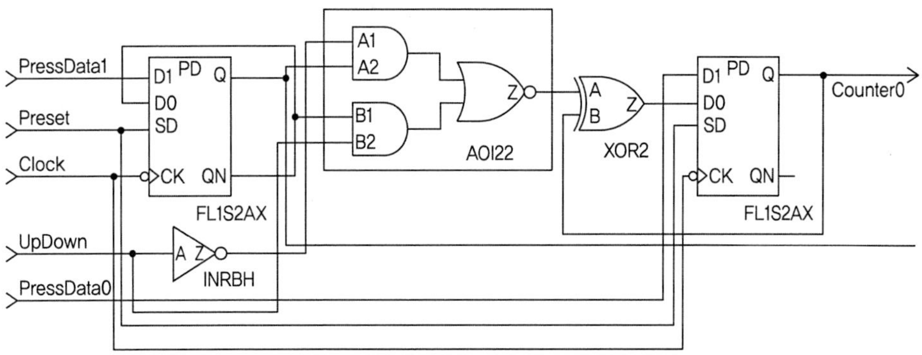


| 그림 2-54 | 조합 회로에서의 동기적 preset과 clear의 합성

일반적으로 이와 같은 모델을 합성하기 위한 두 가지 기법이 있다. 첫 번째 방법은 합성된 플립플롭의 동기적 preset 입력단으로 *PresetData*를 바로 전달하는 것이다. 또 다른 방법은, *PresetData*가 플립플롭의 데이터 입력단으로 바로 전달되는 것이다. 여기에서 제시된 합성 회로는 후자에 해당하는 결과이다. 합성 시스템은 일반적으로 이 두 가지 방식을 선택적으로 조절할 수 있다.

다음과 같은 또 다른 예제를 살펴보자.

```
module SyncFlipFlop (ClkB, Reset, Set, CurrentState,
                         NextState);
  input ClkB, Reset, Set;
  input [3:0] CurrentState;
  output [3:0] NextState;
  reg [3:0] NextState;

  always @ (negedge ClkB)
    if (! Reset)
      NextState <= 12;
    else if (! Set)
      NextState <= 5;
    else
      NextState <= CurrentState;
endmodule
// Synthesized netlist is shown in Figure 2-55.
```

이 예제에서, *NextState*에 대한 입력값(값 12, 값 5)과 *CurrentState* 변수는 *NextState*를 위해 생성된 플립플롭의 적절한 D 입력 라인의 선택(multiplexing)을 통해 결정된다. 그림 2-55에 합성된 회로가 소개되어 있다. 그렇다면 우리는 어떻게 동기적 preset과 clear를 생성할 수 있겠는가? 합성 시스템은 일반적으로 동기적 preset과 clear의 생성을 지시하는 별도의 옵션을 제공할 수 있다.

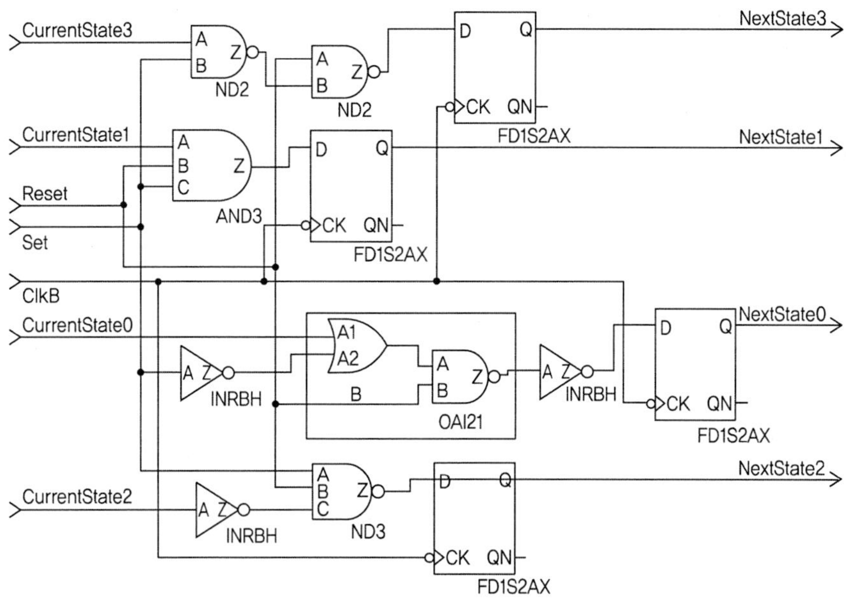


| 그림 2-55 | 동기적 preset과 clear를 사용하는 플립플롭이 아닌 경우

## 2.18 Blocking과 Non-blocking 할당 문장에 대한 추가 사항

이전 절을 통해서 우리는 Verilog HDL을 활용한 하드웨어 설계 지침으로, 순차회로를 설계함에 있어서, 중간 임시 결과값(intermediate variable)의 저장을 위한 blocking 할당문의 사용을 제외하고, non-blocking 절차적 할당 문장을 사용할 것을 권고하였다. 아울러, 조합회로를 설계함에 있어서는 blocking 절차적 할당 문장을 사용할 것을 권고하였다. 본서에서는 이와 같은 설계 지침을 일관적으로 지켜나갈 것이지만, 이 절에서는 하드웨어로의 합성과정에서 나타나는 문맥적 의미의 차이를 설명하기 위해 필요에 따라 blocking 할당 문장과 non-blocking 할당 문장을 혼용하여 사용할 것이다.

Verilog HDL에서 지원하는 blocking 할당 문장과 non-blocking 할당 문장의 언어 문맥적 의미가 서로 다르기 때문에, 실제 합성과정에서도 blocking 할당 문장과 non-blocking 할당 문장은 서로 다르게 취급된다. Blocking 할당 문장의 경우, 현재 문장의 좌변에 대한 할당이 순차적으로 완료된 뒤, 그 다음 할당 문장이 수행된다. 반면, non-blocking 할당 문장의 경우, 좌변에 대한 할당이 즉시 이루어지지 않고, 주어진 시뮬레이션 주기의 마지막 단계에서 실행이 스케줄링 된다[8]. 다음에 주어진 예제

8) 만약 always 문장 내부에 단 하나의 할당 문장만이 존재한다면, blocking과 non-blocking 문장은 실행 결과에 있어서 차이가 없다.

를 살펴보자.

```
module FlagBits (ClockB, Strobe, Xflag, Mask,
                 RightShift, SelectFirst, CheckStop);
  input ClockB, Strobe, Xflag, Mask;
  output RightShift, SelectFirst, CheckStop;
  reg RightShift, SelectFirst, CheckStop;

  always @ (negedge ClockB)
  begin
    RightShift = RightShift & Strobe;     // Blocking
    SelectFirst <= RightShift | Xflag;    // Non-blocking
    CheckStop <= SelectFirst ^ Mask;      // Non-blocking
  end
endmodule
// Synthesized netlist is shown in Figure 2-56.
```

주어진 always 문장은 3개의 할당문장을 가지는 순차회로이다. 첫 번째 문장은 blocking 절차적 할당 문장이며, 다음의 두 문장은 non-blocking 절차적 할당 문장이다. 주어진 모든 할당 문장이 클록의 에지에 의해 제어되므로, *RightShift*와 *SelectFirst*, 그리고 *CheckStop*은 모두 falling-edge-triggered 플립플롭 형태로 합성된다. 하지만 플립플롭의 입력 단에서 정보들이 서로 연결되는 방법에 있어서 이들 간의 차이가 존재한다. *RightShift*는 blocking 할당 문장이기 때문에, *RightShift* 문장에서 새롭게 할당된 값은 다음 문장에서 바로 사용될 수 있다. 이는 *RightShift* 플립플롭의 새로운 데이터 값이 *SelectFirst* 플립플롭에서 사용될 수 있다는 의미이다. 한편, *SelectFirst* 문장은 non-blocking 할당 문장이기 때문에, 세 번째 할당 문장에서의 *SelectFirst* 값에 대한 사용은 새롭게 할당된 값이 아닌 이전에 저장된 값의 사용을 의미한다. 따라서 *SelectFirst* 플립플롭의 이전 출력값이 *CheckStop* 플립플롭에 입력되는 것이다. 이들 간의 차이는 그림 2-56을 통해 다시 확인할 수 있다.

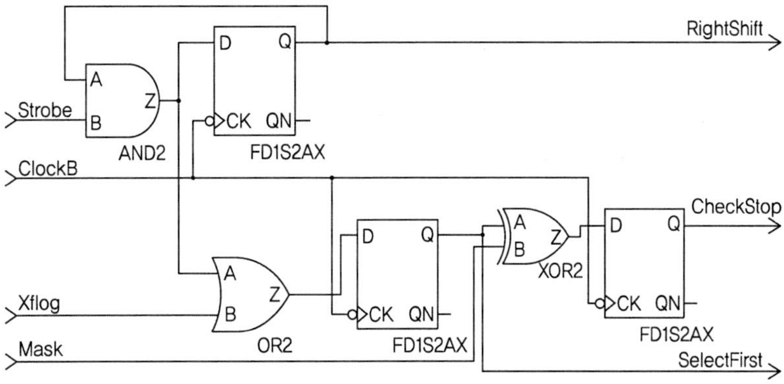


| 그림 2-56 | Non-blocking과 blocking 절차적 할당 문장

Blocking 할당 문장과 non-blocking 할당 문장의 차이를 부각시키는 또 다른 예제를 살펴보자.

```
module NonBlockingExample (ClockZ, Merge, ER, Xmit,
                           FDDI, Claim);
  input ClockZ, Merge, ER, Zmit, FDDI;
  output Claim;
  reg Claim;
  reg FCR;

  always @ (posedge ClockZ)
  begin
    FCR <= ER | Xmit;             // Assignment 1.
    if (Merge)
      Claim <= FCR & FDDI;        // Assignment 2.
    else
      Claim <= FDDI;
  end
endmodule
// Synthesized netlist is shown in Figure 2-57.
```

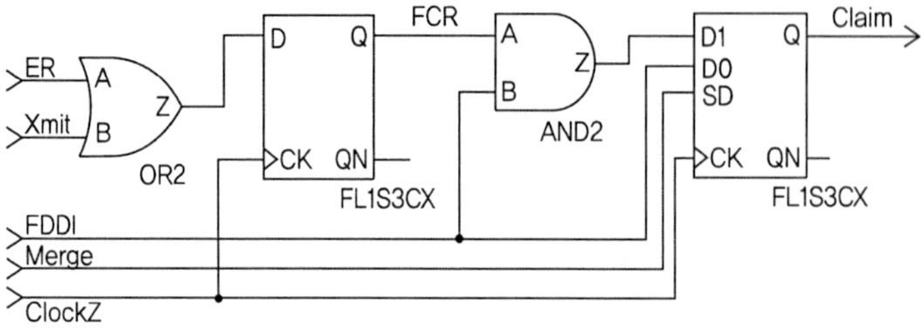


| 그림 2-57 | Non-blocking 할당

이 예제에서는 3개의 할당 문장이 있다. 순차 블록에서의 문장들은 순차적으로 수행된다. 하지만 non-blocking 할당 문장의 실질적인 값 할당은 현 시뮬레이션 주기의 마지막 단계에서 이루어진다. 따라서 이와 같은 non-blocking 할당문의 언어 문맥적 의미에 따라 Assignment 2의 *FCR* 값은 *FCR*의 이전 값이 사용된다. 즉 Assignment 1에 의해 할당된 새로운 값이 아니다. 따라서 하드웨어적으로 합성된 네트리스트에서는 *FCR* 플립플롭의 결과값이 *Claim* 회로의 입력으로 대입된다.

Blocking 할당 문장을 사용할 경우는 어떻게 되겠는가? Blocking 절차적 할당 문장을 사용하는 동일한 예제를 살펴보자.

```
module BlockingExample (ClockZ, Merge, ER, Xmit,
                        FDDI, Claim);
  input ClockZ, Merge, ER, Zmit, FDDI;
  output Claim;
  reg Claim;

  reg FCR;

  always @ (posedge ClockZ)
  begin
    FCR = ER | Xmit;               // Assignment 1.
    if (Merge)
      Claim = FCR & FDDI;          // Assignment 2.
    else
      Claim = FDDI;
  end
endmodule
// Synthesized netlist is shown in Figure 2-58.
```

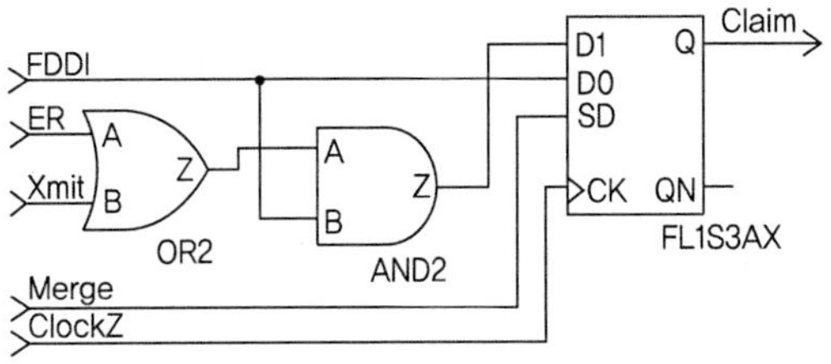


| 그림 2-58 | Blocking 할당

이 경우는 *FCR*에 대한 할당이 Assignment 2가 수행되기 이전에 반드시 먼저 완료되어야 한다. 따라서 이러한 언어 문맥적 의미를 표현하기 위하여, Assignment 1의 우변이 *FCR*에 반영되고, 그 결과가 `Claim`의 데이터를 위한 회로를 구성하는데 사용되어야 한다. 그림 2-58은 합성 결과로 생성된 네트리스트이다. 한편, *FCR*에 대해서는 플립플롭이 생성되지 않았는데, 이는 그 값이 할당되고 난 후 바로 사용되었기 때문이다. 즉 서로 다른 always 문장의 반복 수행에 있어서, *FCR*의 이전 값을 저장할 필요가 없기 때문이다.

5장에서 우리는 "조합회로의 설계를 위한 blocking 할당 문장의 사용"과 "순차회로의 설계를 위한 non-blocking 할당 문장의 사용"에 대한 각각의 개념을 추가적으로 설명할 것이다. 이는 잠재적으로 Verilog HDL로 명세된 설계 모델과 합성 결과 생성된 네트리스트 사이에 합성 과정에서의 기능적 불일치를 초래할 수 있기 때문이다. 하지만 이는 단지 권고사항일 뿐이다. 많은 경우에 있어서, 설계자가 해당 문장들의 언어 문맥적 의미를 정확하게 파악하고, 또한 올바른 이해가 전재되어 있다면, 두 가지 문장의 임의적 사용도 올바른 설계 모델이라 할 수 있을 것이다.

## 2.19 함수

Verilog HDL에 있어서 함수 호출(function call)은 수식의 일부이기 때문에, 이는 조합회로로 표현된다. 함수 호출은 해당 함수를 in-line 코드로 확장함으로써 합성된다. 함수 내부에 선언된 지역 변수들은 순수한 임시 공간으로 취급된다. 따라서 이러한 변수들은 wire 형태로 합성된다.

다음에 함수 호출에 대한 예제가 소개되어 있다.

```
module FunctionCall (XBC, DataIn);
  output XBC;
  input [0:5] DataIn;

  function [0:2] CountOnes;
    input [0:5] A;
    integer K;
    begin
      CountOnes = 0;

      for (K = 0; K <= 5; K = K + 1)
        if (A[K])
          CountOnes = CountOnes + 1;
    end
  endfunction

  // If number of ones in DataIn is greater than 2,
  // return 1 in XBC.
  assign XBC = CountOnes (DataIn) > 2;
endmodule
// Synthesized netlist is shown in Figure 2-59.
```

함수 호출에 대한 in-line 확장과 추가적으로 for-loop에 대한 in-line 확장이 수행되고 난 후, 다음과 같은 코드가 얻어진다.

```
CountOnes = 0;
if (DataIn[0]) CountOnes = CountOnes + 1;
if (DataIn[1]) CountOnes = CountOnes + 1;
if (DataIn[2]) CountOnes = CountOnes + 1;
if (DataIn[3]) CountOnes = CountOnes + 1;
if (DataIn[4]) CountOnes = CountOnes + 1;
if (DataIn[5]) CountOnes = CountOnes + 1;
XBC = CountOnes > 2;
```

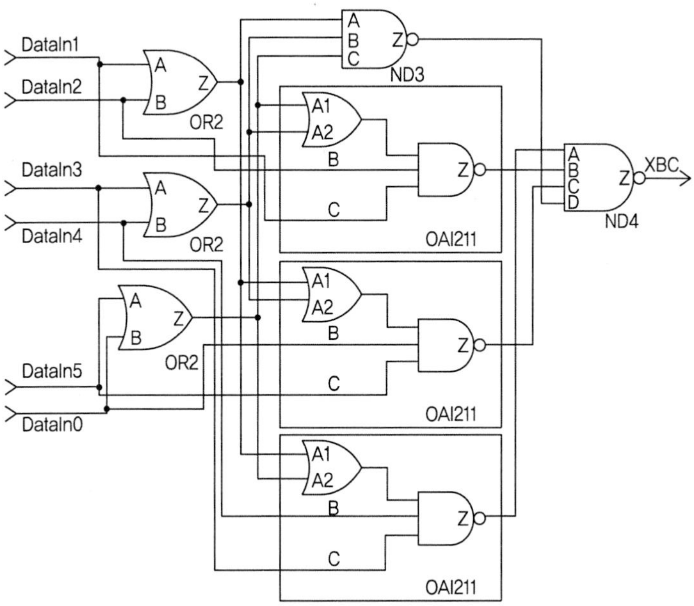


| 그림 2-59 | 함수 호출 예제

## 2.20 작업

작업 호출(task call)은 실제 작업 호출이 발생하는 상황에 따라 조합회로와 순차회로 가운데 하나로 표현된다. 이러한 이유 때문에, 작업 호출의 출력 인자(parameter)는 할당된 값에 대한 메모리적 요소를 포함할 수도 있다. 예를 들어, 작업 호출이 클록에 의해 동기화되는 always 문장에서 발생하였다면 작업 호출의 출력 인자는 플립플롭 형태로 합성될 것이다. 합성 시스템은, 함수 호출에서와 마찬가지로, 작업 호출 역시 in-line 형태로 확장함으로 구현한다. 한편, 작업 호출에 대한 호출자와 피호출자 사이의 계층 구조(hierarchy)는 관리되지 않는다.

다음은 순수 조합회로로 표현될 수 있는 작업 호출에 대한 사례이다.

```
module CombTask (ShA, ShB, ShCarryIn, ShSum, ShCarryOut);
  input [0:2] ShA, ShB;
  input ShCarryIn;
  output [0:2] ShSum;
  output ShCarryOut;
  reg [0:3] TempCarry;
```

```
  task AddOneBitWithCarry;
    input A, B, CarryIn;
    output Sum, CarryOut;
    begin
      Sum = A ^ B ^ CarryIn;
      CarryOut = A & B & CarryIn;
    end
  endtask

  always @ (shA or ShB or ShCarryIn)
  begin: EXAMPLE
    integer J;

    TempCarry[0] = ShCarryIn;

    for (J = 0; J < 3; J = J + 1)
      AddOneBitWithCarry (ShA[J], ShB[J],
        TempCarry[J], ShSum[J], TempCarry[J+1]);
  end

  assign ShCarryOut = TempCarry[3];
endmodule
// Synthesized netlist is shown in Figure 2-60.
```

작업 호출에 대한 in-line 확장과 추가적으로 for-loop에 대한 in-line 확장이 수행되고 난 후, 다음과 같은 코드가 얻어진다.

```
TempCarry[0] = ShCarryIn;
ShSum[0] = ShA[0] ^ ShB[0] ^ TempCarry[0];
TempCarry[1] = ShA[0] & ShB[0] & TempCarry[0];
ShSum[1] = ShA[1] ^ ShB[1] ^ TempCarry[1];
TempCarry[2] = ShA[1] & ShB[1] & TempCarry[1];
ShSum[2] = ShA[2] ^ ShB[2] ^ TempCarry[2];
TempCarry[3] = ShA[2] & ShB[2] & TempCarry[2];
ShCarryIn = TempCarry[3];
```

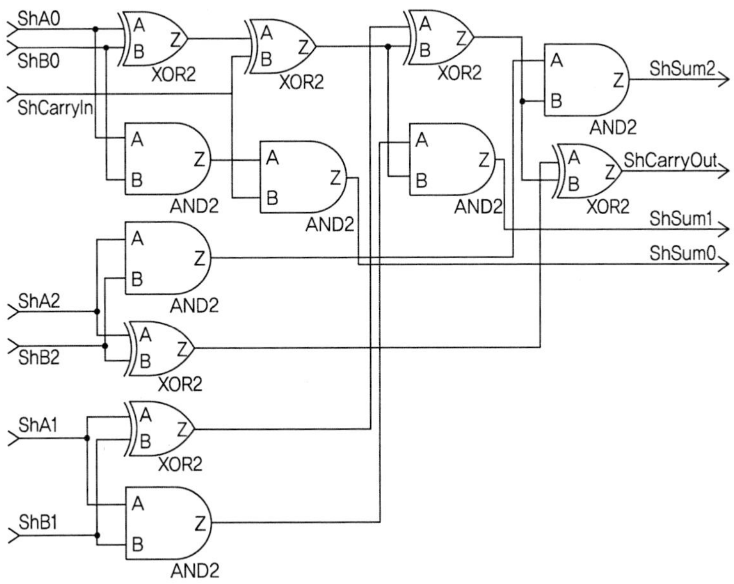


| 그림 2-60 |  작업 호출 예제 : 조합회로

다음은 클록 에지에 의해 제어되는 작업 호출에 대한 사례이다.

```
module SynTask (ByteIn, ClockFa, ByteOut);
  input [3:0] ByteIn;
  input ClockFa;
  output [3:0] ByteOut;

  task ReverseByte;
    input [3:0] A;
    output [3:0] Z;
    integer J;
    begin
      for (J = 3; J >= 0; J = J - 1)
        Z[J] = A[3-J];
    end
  endtask
  always @ (negedge ClockFa)
    ReverseByte (ByteIn, ByteOut);
endmodule
// Synthesized netlist is shown in Figure 2-61.
```

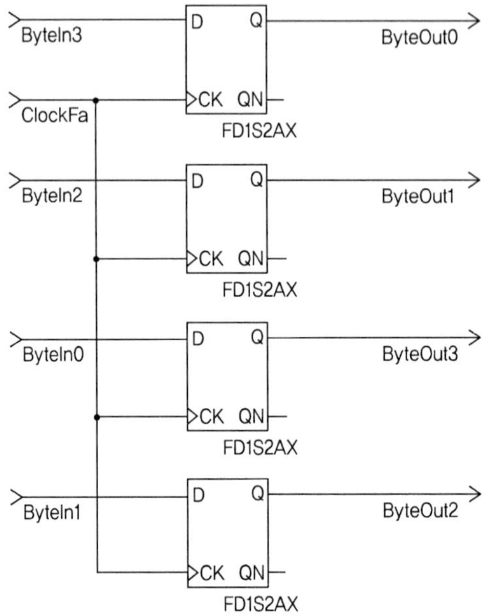


| 그림 2-61 | 작업 호출 예제 : 동기회로

이 예제에서는 변수 *ByteOut*이 클록 *ClockFa*의 제어하에 값이 할당된다. 따라서 ByteOut은 플립플롭의 형태로 합성된다. In-line 확장 이후의 코드는 다음과 같다.

```
ByteOut[3] = ByteIn[0];
ByteOut[2] = ByteIn[1];
ByteOut[1] = ByteIn[2];
ByteOut[0] = ByteIn[3];
```

## 2.21 x와 z 값의 사용

Verilog HDL은 "unknown 형태의 x"와 "high-impedance 형태의 z"에 해당하는 두 가지 비논리적(non-logical) 값을 지원한다. 이 절에서는 이와 같은 값들이 합성을 위해 사용될 수 있는 영역들에 대해 설명한다. 이들 값의 사용에 있어서는 Verilog HDL로 명세된 설계 모델과 합성 결과 생성된 네트리스트 사이에 기능적 불일치를 초래할 수 있는 가능성이 있기 때문에, 이를 방지하기 위한 주의 깊은 사용이 요구된다.

### 2.21.1 Unknown x 값

값 x는 할당 문장의 어떠한 변수에 있어서도 사용이 가능하다. 이때 x 값은 합성 시스템에서 don't-care 형태로 취급된다. 합성 시스템은 최적의 합성 회로를 생성하기 위해, 0 혹은 1의 논리값을 회로의 최적화 단계에서 임의로 결정하게 된다.

```
Reset = 'bx;  // Assign a don't-care value to Reset.
  // Synthesis system will automatically select
  // logic-0 or logic-1.
```

case 문장에서 case 아이템으로 값 x를 사용할 경우[9], 합성 시스템은 해당 case 아이템으로의 분기를 결코 수행되지 않는 경로로 취급된다.

```
case (In)
  2'bx : Out = In;          // This branch will never occur for
                            // synthesis.
  default : Out = ~ In;
endcase
```

이러한 경우 합성 과정에서 Verilog HDL로 명세된 설계 모델과 합성 결과 생성된 네트리스트 사이에 기능적 불일치를 초래할 수 있다. 합성 시스템은 x 값이 사용된 경우 적절한 경고 메시지를 출력할 수 있다. 일반적으로, case 문장의 case 아이템으로 x 값을 사용하는 것은 바람직하지 않다.

### 2.21.2 High-impedance z 값

값 z는 3 상태(three-state) 게이트를 생성하는데 사용된다. 값 z는 할당 문장에서 값을 할당하는데 사용될 수도 있다. 하지만 합성의 관점에서, 해당 할당 문장은 if 문장이나 case 문장의 적절한 제어 조건하에서 발생하여야 한다. 다음의 예제를 살펴보자.

---

9) casez와 casex는 제외된다.

```
module ThreeState (Ready, DataInA, DataInB, Select1);
  input Ready, DataInA, DataInB;
  output Select1;
  reg Select1;

always @ (Ready or DataInA or DataInB)
  if (Ready)
    Select1 = 1'bz;
  else
    Select1 = DataInA & DataInB;
endmodule
// Synthesized netlist is shown in Figure 2-62.
```

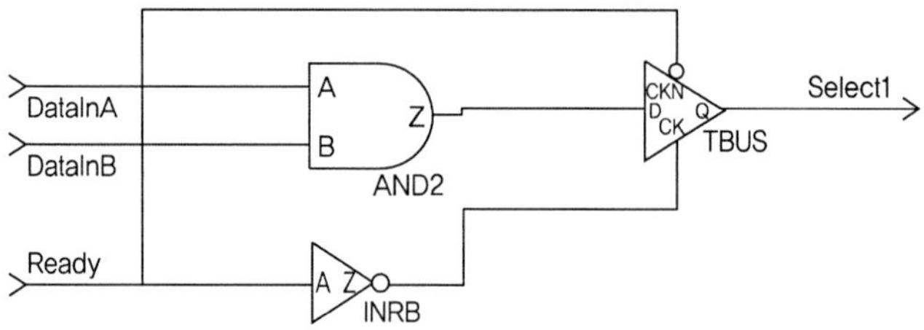


| 그림 2-62 |  3 상태 게이트를 생성하는 조건적 z 값의 할당

3 상태 게이트는, 다음의 예제에서와 같이, 조건식에서 z 값의 할당에 의해서도 생성될 수 있다.

```
module CondExpertThreeState (Dnt, GateCtrl, Vcs)
  input Dnt, GateCtrl;
  output Vcs;

  assign Vcs = GateCtrl ? Dnt : 1'bz;
endmodule
// Synthesized netlist is shown in Figure 2-63.
```

case 문장에서 case 아이템으로 값 z를 사용할 경우[10], 합성 시스템은 해당 case 아이템으로의 분기를 결코 수행되지 않는 경로로 취급한다.

10) 이 경우도 casez와 casex는 제외된다.

```
case (Select)
  2'blz : DBus = | AFlow;          // This branch will never
                                   // execute for synthesis.
  2'bll : DBus = ^ AFlow;
  default : DBus = & AFlow;
endcase
```

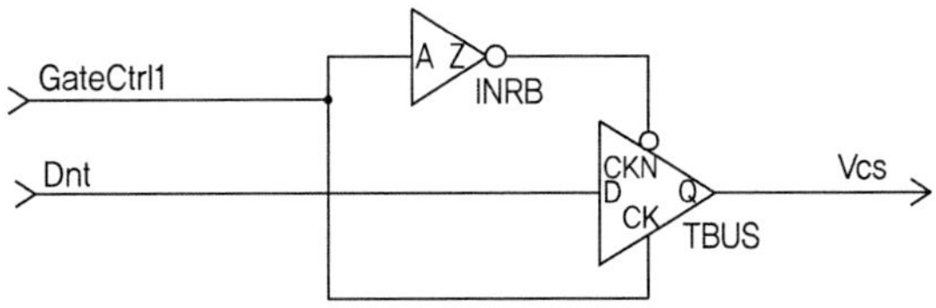


| 그림 2-63 | 조건식을 사용하는 3 상태 게이트

합성 과정에서 이러한 경우는, Verilog HDL로 명세된 설계 모델과 합성 결과 생성된 네트리스트 사이에 기능적 불일치를 초래할 수 있다. 합성 시스템은 z 값이 사용된 경우 적절한 경고 메시지를 출력할 수 있다. 일반적으로, case 문장의 case 아이템으로 z 값을 사용하는 것은 바람직하지 않다.

만약 변수가 플립플롭을 생성시키는 always 문장에서 z 값을 할당받는다면, 플립플롭 내부에 3 상태 회로로의 동작을 가능하게 하는 회로(three-state enabling logic)를 생성하는 것이 필요하다. 다음에 클록 event에 의해 제어되는 always 문장을 사용한 예제가 제시되어 있다.

```
module ThreeStateExtraFF (Clock, Ready, DataInA,
                          DataInB, Select1);
  input Clock, Ready, DataInA, DataInB;
  output Select1;
  reg Select1;

  always @ (posedge Clock)
    if (Ready)
      Select1 <= 'bz;
    else
      Select1 <= DataInA & DataInB;
```

```
endmodule
// Synthesized netlist is shown in Figure 2-64.
```

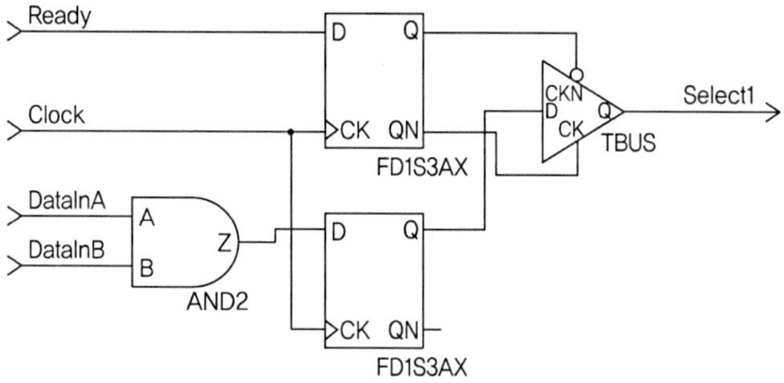


| 그림 2-64 | 3 상태값을 가지는 추가적인 플립플롭

주어진 예제에서는 2개의 플립플롭이 생성된다. 하나는 *Select1*이고 또 다른 하나는 *Ready*이다. *Ready*를 위한 추가적인 플립플롭의 생성이 바람직하지 않다면, 다음 모듈 *ThreeStateNoExtraFF*에서 보이는 바와 같이, 3 상태 회로와 플립플롭 도출 회로를 2개의 분리된 always 문장으로 변경하여 재작성하여야 한다. *ThreeStateExtraFF*와 *ThreeStateNoExtraFF*의 동작방식은 상호 다르다. 전자의 경우 출력은 *Clock*에 직접적으로 종속되며, 후자의 경우는 출력이 *Clock*에 직접적으로 종속되지 않고 *Ready*에 종속된다.

```
module ThreeStateNoExtraFF (Clock, Ready, DataInA,
                            DataInB, Select1)
  input Clock, Ready, DataInA, DataInB;
  output Select1;
  reg Select1, TempSelect1;

  // Sequential logic:
  always @ (posedge Clock)
    TempSelect1 = DataInA & DataInB;

  // Combinational logic:
  always @ (TempSelect1 or Ready)
    if (Ready)
```

```
      Select1 = 'bz;
    else
      Select1 = TempSelect1;
endmodule
// Synthesized netlist is shown in Figure 2-65.
```

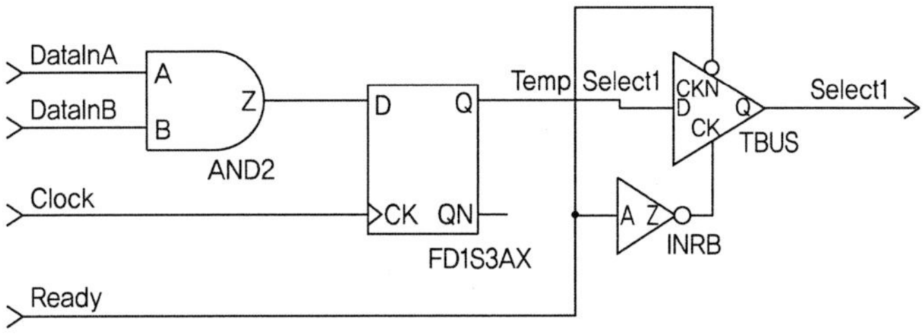


| 그림 2-65 | 추가적인 플립플롭이 없는 회로

이러한 경우, 임시 변수 *TempSelect1*이 사용된다. 이는 순차회로 부분인 첫번째 always 문장과 조합회로 부분인 두번째 always 문장 사이의 정보 교환을 위해 도입된 변수이다. *TempSelect1*을 위한 하나의 플립플롭만이 합성 되었다.

## 2.22 게이트 레벨 모델링

게이트 레벨 지시자(gate level primitive)들은 게이트의 사례화(instantiation)를 통해 사용될 수 있다. Verilog HDL에서는 다음과 같은 게이트 레벨 지시자들이 하드웨어로의 합성을 위해 지원된다.

```
and, nand, or, nor, not, xor, xnor, buf,
bufif0, bufif1, notif0, notif1
```

게이트 레벨 지시자들의 합성은 각 게이트들의 논리 동작에 맞는 회로를 생성해 냄으로써 이루어진다. 이는 최종 구현 기술(target technology)에 종속되어 결정된다. 3 상태 게이트 지시자로 언급된 마지막 4개의 게이트 레벨 지시자에 대한 합성은 최종 구현 기술의 지원과 함께 3 상태 게이트의 동작을 묘사하기 위한 추가적인 조합회로의 지원 하에서 합성된다. 다음은 제어가 1이면 버스 상에서 두 입력의 and 값을 출력하고, 그렇지 않으면 or 값을 출력하는 예제이다.

```
module GateLevel (A, B, Ctrl, Zbus);
   input A, B, Ctrl;
   output Zbus;
   // not necessary to declare nets AndOut and OrOut.
   // The instance names, A1, 01, etc. are also optional
   // but are recommanded for simulation debugging.
   and A1 (AndOut, A, B); // First terminal is output,
                          // other two are inputs.
   or 01 (OrOut, A, B);
   bufif0 B1 (Zbus, AndOut, Ctrl);   // First terminal is
        // output, second teminal is input, and third
        // terminal is control.
   bufif0 B2 (Zbus, OrOut, ! Ctrl);
endmodule
// Synthesized netlist is shown in Figure 2-66.
```

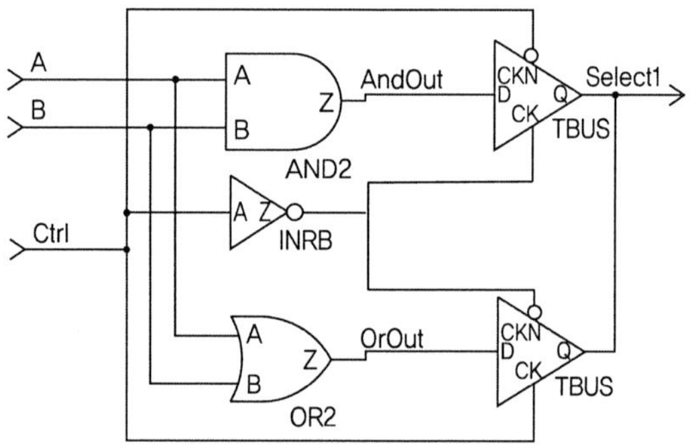


| 그림 2-66 | 게이트 사례화

게이트 레벨에서 명시된 지연 시간(delay)은 합성 시스템에 의해 무시된다. 이는 잠재적으로 합성 과정에서 Verilog HDL로 명세된 설계 모델과 합성 결과 생성된 네트리스트 사이에 기능적 불일치를 초래할 수 있기 때문이다.

## 2.23 모듈 사례화 문장

모듈 사례화 문장(module instantiation statement)은 모듈 선언 내에서 작성될 수 있다. 합성 시스템은 이와 같은 모듈 사례화를 블랙박스(block box)로 취급하여, 사례화 문장 그 자체에 대해서는 어떠한 추가적 동작도 취하지 않는다. 즉 모듈 사례화는 기본 구성자(primitive component)처럼 합성된 네트리스트에 나타난다. 다음은 모듈 사례화 문장을 통한 전가산기의 구현 예제이다. 그림 2-67의 합성된 네트리스트에서, 모듈 *MyXor*는 상위 모듈인 *FullAdderMix*에서 사례화 되었다.

```
module FullAdderMix (A, B, CarryIn, Sum, CarryOut);
  input A, B, CarryIn;
  output Sum, CarryOut;
  wire Sft;                    // Sft need not be declared.

  MyXor X1 (.In0(A), .In1(B), .Out(Sft));

  assign CarryOut = A & B & CarryIn;
  assign Sum = Sft ^ CarryIn;
endmodule
// Synthesized netlist is shown in Figure 2-67.
```

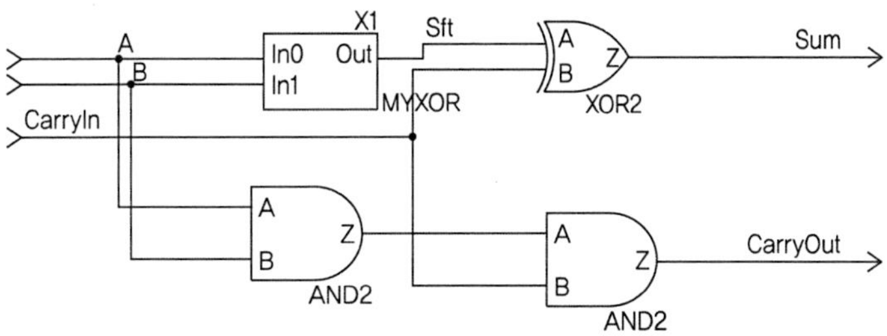


| 그림 2-67 | 모듈 사례화 문장

### 2.23.1 사전 정의된 블록의 사용

합성 시스템에 의해 자동적으로 생성된 회로의 질적 수준에 대해서 설계자가 만족하지 못할 때, 사전 정의된 블록(predefined block)을 사용할 수 있으며 이를 위해 사례화 문장이 사용되기도 한다. 설계자는 가령 메모리 블록과 같은 사전 정의된 라이브러리를 미리 확보하고 있을 수 있다. 이러한 경우, 설계자는 해당 블록을 위한 행위적 모델(behavioral modeling)을 Verilog HDL 내부에 구현하는 대신, 사전 정의된 블록의 직접적인 사례화를 통해 회로를 구현할 수 있다. 따라서 모듈 사례화 문장은 사전 정의된 블록의 선별적 사용을 통해, 최종적으로 생성되는 회로의 구현에 보다 더 많은 융통성을 제공한다.

#### 사용자 정의 곱셈기의 사례화

첫 번째 예제로, 설계자가 합성 시스템에 의해 자동적으로 생성된 곱셈기 회로에 만족하지 못한다고 가정하자. 회로는 다음과 같은 코드로부터 생성될 수 있을 것이다.

```
module MultiplyAndReduce (OpdA, OpdB, ReduceResult);
  input [1:0] OpdA, OpdB;
  output ReduceResult;
  wire [3:0] Test;

  assign Test = OpdA * OpdB;        // Multiply operator.
  assign ReduceResult = & Test;
endmodule
```

이 예제에서는 다음과 같이 사전 정의된 곱셈기를 사례화하여 사용할 수 있다.

```
module PreDefMultiplyAndReduce (OpdA, OpdB, ReduceResult);
  input [1:0] OpdA, OpdB;
  output ReduceSesult;

  wire [3:0] Test;

  MyMult M1 (.Input1 (OpdA), .Input2 (OpdB),
           .Result (Test));
```

```
    assign ReduceResult = & Test;
endmodule
// Synthesized netlist is shown in Figure 2-68.
```

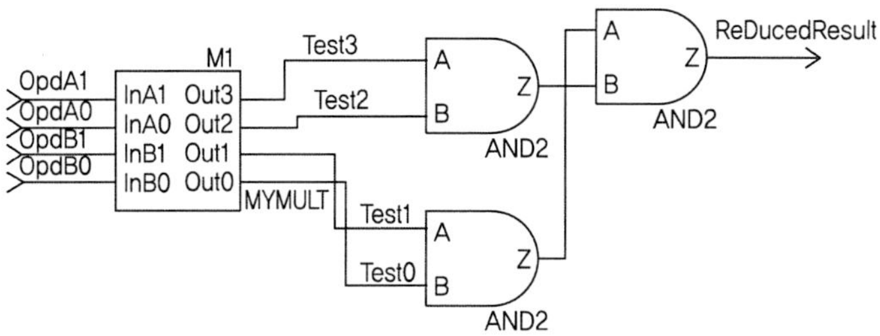


| 그림 2-68 | 사전 정의된 곱셈기의 사례화

## 특정 사용자용 플립플롭의 사례화

설계자가 해당 모듈의 형태를 직접 제어할 수 있는 또 다른 경우는 플립플롭이다. 주로 플립플롭은 클록에 의해 제어를 받는 always 문장 내부에서 변수에 대한 값 할당이 이루어 질 때 생성된다. 하지만, 이와 같이 생성된 플립플롭이 합성 과정에 있어서 최적의 형태가 아닐 수도 있다. 이러한 경우, 설계자는 합성 시스템에 의해 자동적으로 생성된 플립플롭의 사용 대신, 주문 생산(custom-made)된 플립플롭의 사용을 선호할 수 있다. 이는 사전 정의된 플립플롭의 모듈 사례화를 통해 구현된다. 다음의 예제를 살펴보자.

```
module PreDefFlipFlop (Dclock, Request, DayP, Dels, Fop);
    input Dclock, Request, DayP, DelS;
    output Fop;
    reg Fop;
    wire NewRequest;                              // Optional.

    MyFlipFlop LabelF1 (.Data (Request), .Clock (Dclock),
                        .Q (NewRequest));
// The above module instantiation statement replaces the
// following always statement:
```

```
  // always @ (posedge Dclock)
  // NewRequest = Request;

  always @ (NewRequest or DayP or DelS)
    if (NewRequest)
      Fop = DayP;
    else
      Fop = DelS;
endmodule
// Synthesized netlist is shown in Figure 2-69.
```

다음에 또 다른 예제가 제시되어 있다. 이 예제에서는 사전 정의된 D-타입의 플립플롭이 어떻게 3비트 상향-하향 카운터의 구현을 위해 사례화될 수 있는지를 보여준다. 구현을 위해 추가 되어야 할 핵심 문장은 모듈 사례화 문장이다. 해당 모델에 있어서 합성 시스템은 올바른 결과를 유지하기 위하여 사전 정의된 요소를 합성 회로에 생성시켜야 한다. 합성된 네트리스트의 결과는 다음과 같다.

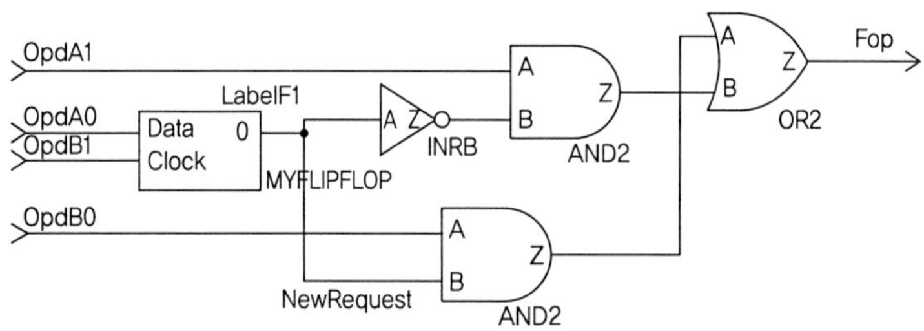


| 그림 2-69 | 사전 정의된 플립플롭의 사례화

```
module UpdownCntr (ClkA, UpDown, Presetclear, Q0, Q1, Q2);
  input ClkA, UpDown, PresetClear;
  output Q0, Q1, Q2;
  wire Bit01, Bit11, Bit12, Bit13, Qn0, Qn1, Qn2;

  assign Bit01 = UpDown ^ Q0;
  assign Bit11 = Bit01 ^ Qn1;
  assign Bit12 = UpDown ^ Q1;
  assign Bit13 = Bit01 | Bit12;
  assign Bit21 = Bit13 ^ Qn2;
```

```
    SpecialFF
      Lq0 (.D(Qn0), .Clk(ClkA), .PreClr(PresetClear),
            .Q(Q0), .Qbar(Qn0);
      Lq1 (.D(Bit11), .Clk(ClkA), .PreClr(PresetClear),
            .Q(Q1), .Qbar(Qn1);
      Lq2 (.D(Bit21), .Clk(ClkA), .PreClr(PresetClear),
            .Q(Q2), .Qbar(Qn2);
endmodule
// Synthesized netlist is shown in Figure 2-70.
```

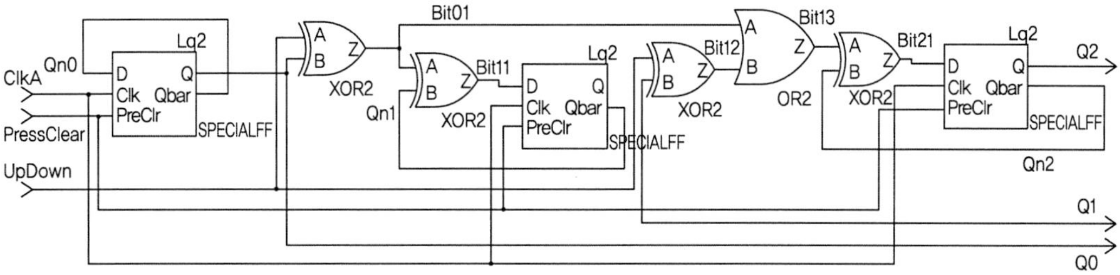


| 그림 2-70 | 특정 플립플롭의 사용

## 2.24 인자화된 설계

Verilog HDL에서의 인자는 "인자화된 설계(parameterized design)"를 위한 강력한 기법을 제공한다. 다음에 소개된 *N* 비트 레지스터의 사례를 살펴보자.

```
module NbitRegister (Data, Clock, Q);
  parameter N = 3;
  input [N-1 :0] Data;
  input Clock;
  output [N-1:0] Q;
  reg [N-1:0] Q;

  always @ (negedge Clock)
    Q <= Data;
endmodule
// Synthesized netlist is shown in Figure 2-71.
```

모듈 *NbitRegister*는 합성되었을 경우, 3비트 레지스터 형태로 구현된다. 이 모듈에서의 레지스터 크기는 인자에 의해 결정되었다. 즉 인자화된 설계를 활용하였다. 이는 또 다른 모듈로부터 재사용(reuse) 혹은 수정을 용이하게 한다. 예를 들어 만약 4비트 레지스터가 필요할 경우, 이를 구현하기 위한 간단한 방법은 *NbitRegister*의 *N* 값을 4로 변경하고 재합성 하는 것이다. 또 다른 방법은 *NbitRegister*를 다른 모듈에서 사례화하고 *N*을 위한 새로운 값을 명세하는 것이다. 후자의 경우가 일반적으로 선호되는데, 이는 후자의 방식이 *NbitRegister* 모듈 자체에 대하여 아무런 변경도 가하지 않기 때문이다.

다음에 2개의 2비트 레지스터의 사례화 모듈이 제시되어 있다. 새로운 인자값, 즉 *N* 값은 # 기호를 사용하여 명세된다.

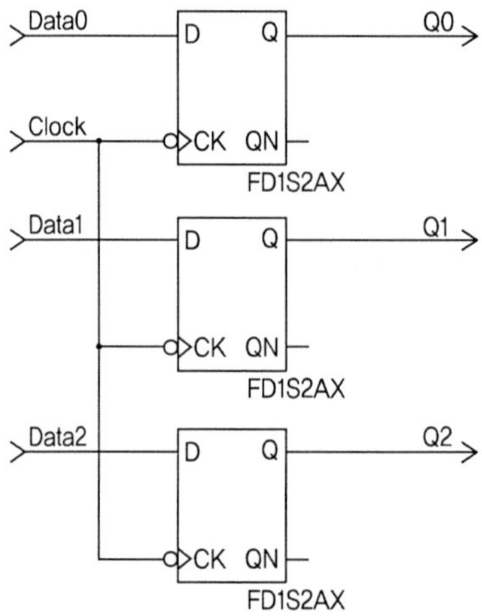


| 그림 2-71 | 인자화된 레지스터

```
module ResolveBuses (BusA, BusB, BusControl, Clock, FinalBus);
  parameter NBITS = 2;
  input [NBITS:1] BusA, BusB;
  input BusControl, Clock;
  output [NBITS:1] FinalBus;

  wire [NBITS:1] SavedA, SavedB;

  RegisterFile # (NBITS) RfOne (.Data(BusA),
        .Clock(Clock), Q(SavedA));
```

```
    RegisterFile # (NBITS) RfTwo (.Data(BusB),
            .Clock(Clock), Q(SavedB));

    assign FinalBus = BusControl ? SavedA : SavedB;
endmodule
// Synthesized netlist is shown in Figure 2-72.
```

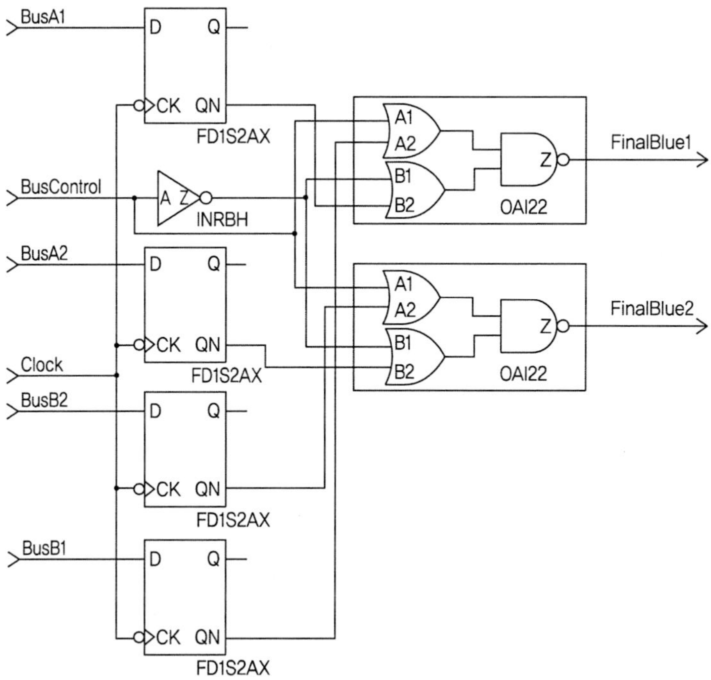


| 그림 2-72 | 인자화된 레지스터의 사례화

지금까지 우리는 2장의 내용을 통해 Verilog HDL의 문장(statement)에 대한 하드웨어적 변환과 연산자(operator), 수식(expression), 그리고 할당 문장(assignment statement)등이 어떻게 하드웨어적으로 변환되는지 설명하였다. 3장에서는 Verilog HDL의 구성자들에 대한 보다 더 다양한 구현 예제를 살펴볼 것이다.

❏

# MODELING EXAMPLES

CHAPTER 3

지금까지 우리는 Verilog HDL로 명세된 설계 모델을 그에 대응하는 하드웨어 회로로 변환하는 합성 과정에 대해 살펴보았다. 이 장에서는 합성을 위한 하드웨어 요소들의 모델링 작업과 이를 달성하기 위해 Verilog HDL 측면에서 필요로 하는 여러 작업들에 대해서 살펴본다. 이전 장에서처럼, Verilog HDL에 대한 모델과 함께 그에 대응하는 합성 회로를 함께 제시한다.

이 장에서는 또한 보다 더 복잡하고 다양한 Verilog HDL의 합성 예제를 소개한다. 예제를 통해, 합성될 수 있는 다양한 Verilog HDL 구성자들의 올바른 사용법에 대해서도 소개한다.

순차회로와 조합회로는 Verilog HDL의 명세로부터 합성될 수 있다. 이 가운데 조합회로를 설계하는 두 가지 주된 방법은 다음과 같다.

1) 연속 할당 문장(continuous assignment statement)의 사용: 이 방식은 가장 자연스러운 방법이다. 이는 명시적으로 하드웨어 동작의 병렬성을 묘사할 뿐만 아니라, 하드웨어의 구조적 측면도 간접적으로 보여준다.

2) 순차적으로 실행되는 always 문장에서 절차적 할당 문장(procedural assign-ment statement)의 사용: 구문들은 조합회로의 중간 결과값에 대한 구성을 설명한다. 이는 언어 문맥적으로 모든 문장들이 순차적으로 수행된다는 의미를 포함하기 때문이다.

플립플롭이나 래치와 같은 순차회로의 구성 요소들은, always 문장 내부에 2장에서 설명된 모델링 기법을 적절히 활용하여 생성할 수 있다. 하지만 이러한 방식은 플립플롭을 활용하여 2차원 배열 형태의 일반적인 메모리 요소를 설계하는 최선의 방법은 아니다. 메모리를 생성하기 위한 가장 좋은 방법은 사전 정의된 메모리 블록을 사례화시켜 구현하는 것이다.

## 3.1 조합회로의 모델링

조합회로(combinational logic)를 묘사하는 좋은 방법 가운데 하나는 연속 할당 문장을 사용하는 것이다. Always 문장 역시 조합회로를 설계하는데 사용될 수 있다. 하지만 이를 활용하여 회로를 설계할 경우, Verilog HDL의 명세와 회로의 동작 사이에 있어서 그 관계의 분명함이 떨어질 수 있다. 조합회로가 연속 할당 문장을 통해 명세되었을 경우, 합성된 회로의 동작은 상대적으로 보다 더 명확히 파악될 수 있다. 다음과 같은 예제를 살펴보자.

```
module BistCell (B0, B1, D0, D1, Z);
  input B0, B1, D0, D1;
  output Z;
  wire S1, S2, S3, S4;

  assign S1 = ~ (B0 & D1);
  assign S2 = ~ (D0 & B1);
  assign S3 = ~ (S2 | S1);
  assign S4 = S2 & S1;
  assign Z = ~ (S4 | S3);
endmodule
// Synthesized netlist is shown in Figure 3-1.
```

주어진 예제를 통해, 연속 할당 문장의 구성과 실제 합성된 회로의 구조가 매우 유사하다는 사실을 알 수 있을 것이다.

다음에 이와 동일한 모델이 제시되어 있다. 이번 경우는 모듈이 always 문장에 의해 묘사되고 있다.

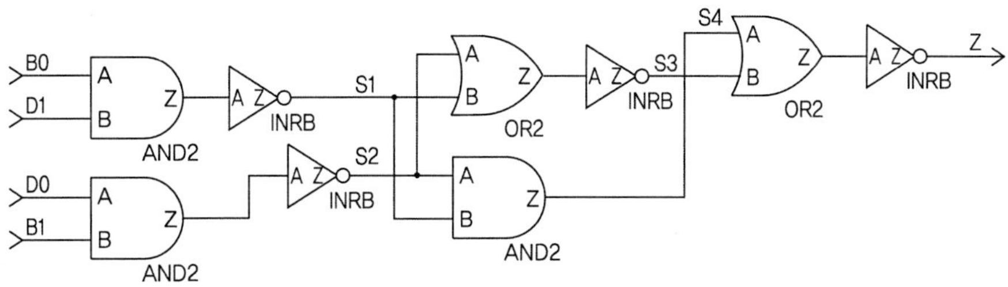


| 그림 3-1 | 연속 할당 문장을 활용한 조합 회로

```
module BistCellReg (B0, B1, D0, D1, Z);
  input B0, B1, D0, D1;
  output Z;
  reg Z;

  reg S1, S2, S3;

  always @ (B0 or D0 or B1 or D1)
    begin
      S1 = ~ (B0 & D1);
      S2 = ~ (D0 & B1);
      S3 = ~ (S2 | S1);
      S1 = S2 & S1;
       Z = ~ (S1 | S3);
    end
endmodule
```

모듈 *BistCell*에서 각각의 wire들은 네트리스트에서 그에 대응하는 유일한 wire들로 선언되었다. 하지만, 모듈 *BistCellReg*의 변수 *S1*은 그렇지 못하다. 변수 *S1*은 다수의 위치에서 임시 공간으로 사용되었으며, 따라서 하나의 wire로 표현되지 못한다. 이에 대한 합성 회로는 그림 3-1과 같다. Always 문장 내부의 변수와 합성된 네트리스트의 net 사이에 1:1 대응 관계는 포함되지 않는다.

다음은 조합회로의 사례로서, enable 신호를 활용한 2-to-1 멀티플렉서 회로이다.

```
module Mux2To1 (A, B, Select, Enable, ZeeQ);
  input [1:0] A, B;
  input Select, Enable;
  output [1:0] ZeeQ;

  assign ZeeQ = (Enable) ? (Select ? A : B) : 'bz;
endmodule
// Synthesized netlist is shown in Figure 3-2.
```

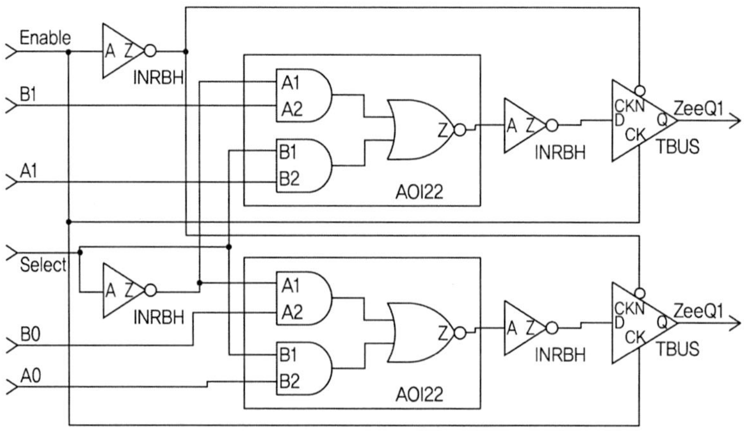


| 그림 3-2 | 2-to-1 멀티플렉서

## 3.2 순차회로 모델링

다음과 같은 순차회로(sequential logic)들이 모델링 가능하다.

1) 플립플롭 : 2.17장 참조
2) 비동기적 preset과 (혹은) clear를 사용하는 플립플롭 : 2.17장 참조
3) 동기적 preset과 (혹은) clear를 사용하는 플립플롭 : 2.17장 참조
4) 래치 : 2.15장 참조
5) 비동기적 preset과 (혹은) clear를 사용하는 래치 : 2.15장 참조

## 3.3 메모리 모델링

메모리(memory)는 구성 요소(component)로 가장 잘 표현되며, 합성 도구들은 메모리를 설계하는데 그리 효율적이지 못하다. 메모리를 생성하기 위해서 보다 더 선호되는 방법은, 일단 모듈이 생성된 후에 합성된 모듈을 구성 요소로써 사례화하는 것이다.

```
module ROM(Clock, OutEnable, Address, Q, Qbar);
  input Clock, OutEnable;
  input [M-1:0] Address;
  output [N-1:0] Q, Qbar;

  // Memory description here(might not be
  // synthesizable).
  . . .
endmodule

module MyModule (. . .);
  wire Clk, Enable;
  wire [M-1:0] Abus;
  wire [N-1:0] Dbus;

  ROM R1 (.Clock(Clk), .OutEnable(Enable),
          .Address(Abus), .Q(Dbus), .Qbar());
  . . .
endmodule
```

레지스터 파일(register file)이 2차원 배열의 형태로 모델링 되었다. Verilog HDL에서는 2차원으로 나열된 reg 변수를 메모리라고 부른다. 다음은 레지스터 파일에 대한 예제이다.

```
module RegFileWithMemory (Clk, ReadWrite, Index,
                          DataIn, DataOut);
  parameter N = 2, M = 2;
  input Clk, ReadWrite;
  input [1:N] Index;     // Range need not be that large.
  input [0:M-1] DataIn;
  output [0:M-1] DataOut;
  reg [0:M-1] DataOut;
  reg [0:M-1] RegFile [0:N-1];

  always @ (negedge Clk)
    if (ReadWrite)
      DataOut <= RegFile[Index];
    else
      RegFile[Index] <= DataIn;
endmodule
// Synthesized netlist of a 2-by-2 register file is
// shown in Figure 3-3.
```

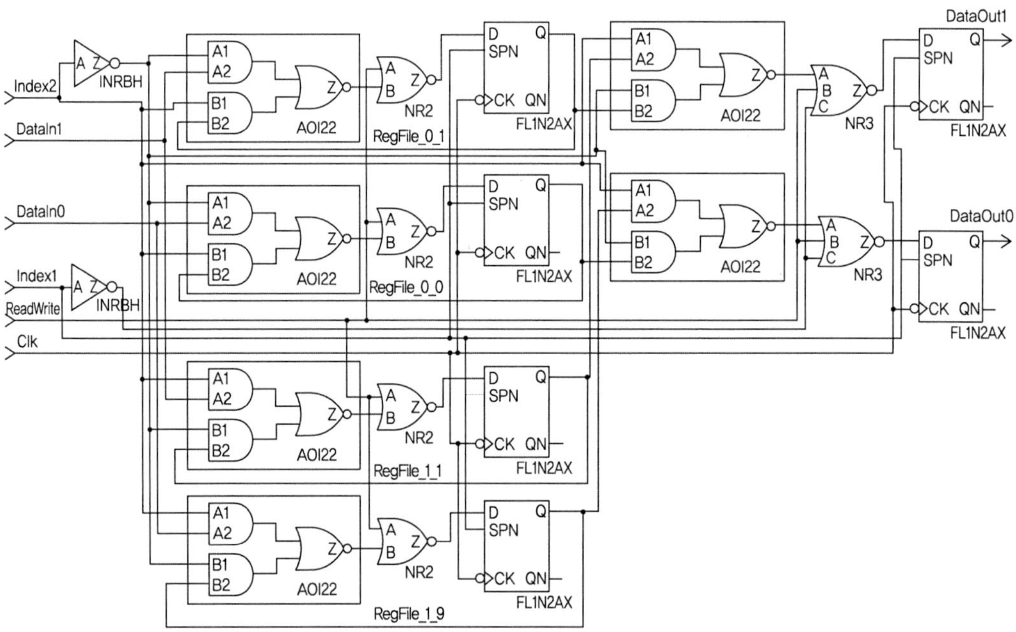


| 그림 3-3 |  2-by-2 레지스터 파일

주어진 예제에서는 총 6개의 플립플롭이 합성되었으며, 이 가운데 4개는 레지스터 파일 *RegFile*을 위한 것이며, 2개는 *DataOut*을 위한 것이다.

## 3.4 Boolean 식의 표현

Boolean 식은 조합회로로 표현되며, 연속 할당 문장으로 가장 잘 표현될 수 있다. 다음은 boolean 식을 활용하여, 그레이 코드(gray code)[1]를 이진 코드(binary code)로 변환하는 코드 변환기(code convertor)에 대한 예제이다.

| A B C | Binary Code |
| --- | --- |
| 0 0 0 | 0 0 0 |
| 0 0 1 | 0 0 1 |
| 0 1 1 | 0 1 0 |
| 0 1 0 | 0 1 1 |
| 1 1 0 | 1 0 0 |
| 1 1 1 | 1 0 1 |
| 1 0 1 | 1 1 0 |
| 1 0 0 | 1 1 1 |

```
module GrayToBinary (A, B, C, Bc0, Bc1, Bc2);
  input A, B, C;
  output Bc0, Bc1, Bc2;
  wire NotA, NotB, NotC;

  assign NotC = ~ C;
  assign NotB = ~ B;
  assign NotA = ~ A;

  assign Bc0 = (A & B & NotC) | (A & B & C) |
               (A & NotB & C) | (A & NotB & NotC);
  assign Bc1 = (NotA & B & C) | (NotA & B & NotC) |
               (A & NotB & C) | (A & NotB & NotC);
```

1) 연속되는 코드들 간에 하나의 비트만 변화하여 새로운 코드를 생성하는 코드 체계이다. 입력 코드로 사용 시, 오차가 적어지는 장점이 있다.

```
    assign Bc2 = (NotA & NotB & C) | (NotA & B & NotC) |
                 (A & B & C) | (A & NotB & NotC);
endmodule
// Synthesized netlist is shown in Figure 3-4.
```

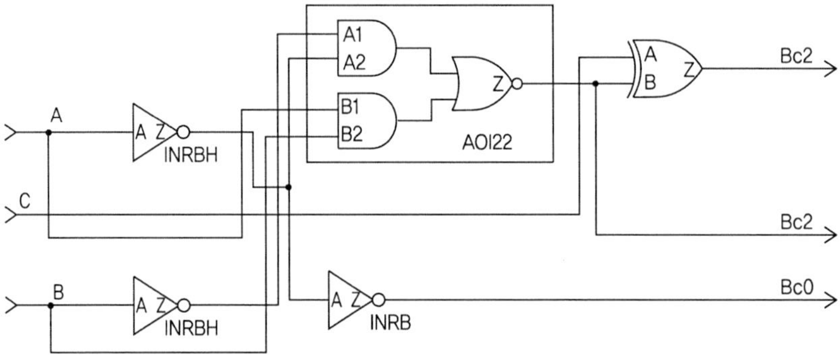


| 그림 3-4 | Gray to binary 회로 (코드 변환기)

## 3.5 유한 상태 기계(FSM, Finite State Machine)의 모델링

### 3.5.1 Moore FSM

Moore FSM은 회로의 출력이 기계의 상태(state)에 종속되며 그 입력에 종속되지 않는다. 그림 3-5에 해당 동작 방식이 묘사되어 있다. 출력이 현재의 상태에만 종속되기 때문에, Verilog HDL에서 Moore FSM을 표현하는 가장 좋은 방식은 case 문장을 포함하는 always 문장의 활용이다. case 문장은 다양한 상태들 사이의 전환을 위해 사용되며, 각각의 상태에 있어서 출력 회로들은 각 case 문장의 분기 경로에서 묘사될 수 있다. 또한 always 문장의 event-list는 클록 event를 포함할 수 있다. 이는 Moore FSM이 하나의 상태에서 또 다른 상태로 동기적 상태 전환을 할 수 있게 해준다. Moore FSM에서 상태 그 자체는 reg 변수에 의해 모델링된다.

Moore FSM에 대한 예제가 소개되어 있다. FSM의 상태를 묘사하기 위해 reg 변수인 MooreState가 사용되었다. 주어진 예제에서 MooreState는 총 4개의 상태를 가진다. Event-list는 클록의 상승 에지에 동기화되어 상태 전환이 발생할 수 있도록 해준다.

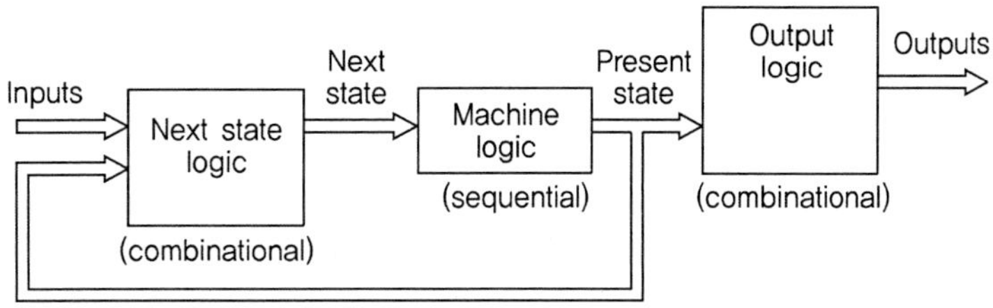


| 그림 3-5 | Moore FSM

```
module MooreFSM (A, ClkM, Z);
  input A, ClkM;
  output Z;
  reg Z;

  parameter S0 = 0, S1 = 1, S2 = 2, S3 = 3;
  reg [0:1] MootrStste;

  always @ (posedge ClkM)
    case (MooreState)
      S0 :
        begin
          Z <= 1;
          MooreState <= (! A) ? S0 : S2;
        end
      S1 :
        begin
          Z <= 0;
          MooreState <= (! A) ? S0 : S2;
        end
      S2 :
        begin
          Z <= 0;
          MooreState <= (! A) ? S2 : S3;
        end
      S3 :
        begin
          Z <= 1;
          MooreState <= (! A) ? S1 : S3;
        end
```

```
    endcase
  endmodule
  // Synthesized netlist is shown in Figure 3-6.
```

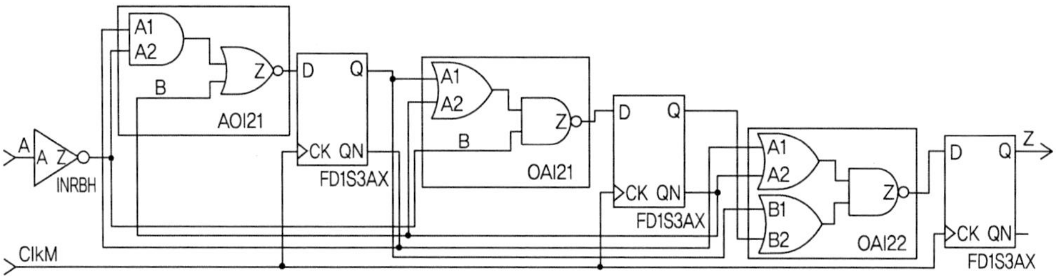


| 그림 3-6 | Moore FSM에 대한 합성 결과

주어진 예제는 합성의 결과로 총 3개의 플립플롭이 생성되었다. 그 가운데 2개는 *MooreState*로 표현되는 변수의 값, 즉 상태를 저장하기 위한 것이고, 나머지 하나는 출력값 *Z*를 표현하기 위함이다.

이전의 예제에서는 출력값 역시 플립플롭의 형태로 저장되었다. 저장될 필요가 없는 출력값을 사용할 경우는 어떻게 되겠는가[2]? 이러한 경우는 변수 *Z*에 대한 값 할당이, 다음의 또 다른 예제에서 보여지는 바와 같이, 두 번째 always 문장으로 구분되어 사용되어야 한다.

```
module MooreFSM2 (A, ClkM, Z);
  input A, Clk;
  output Z;
  reg Z;

  parameter S0 = 0, S1 = 1, S2 = 2, S3 = 3;
  reg [0:1] MooreState;

  always @ (posedge ClkM)
    case (MooreState)
      S0 : MooreState <= (! A) ? S0 : S2;
      S1 : MooreState <= (! A) ? S0 : S2;
      S2 : MooreState <= (! A) ? S2 : S3;
```

2) 즉 래치로 생성될 필요가 없는 출력값의 경우이다.

```
      S3 : MooreState <= (! A) ? S1 : S3;
    endcase

  // Shows clearly that output is dependent on
  // only state.

  always @ (MooreState)
    case (MooreState)
      S0 : Z = 1;
      S1 : Z = 0;
      S2 : Z = 0;
      S3 : Z = 1;
    endcase
endmodule
// Synthesized netlist is shown in Figure 3-7.
```

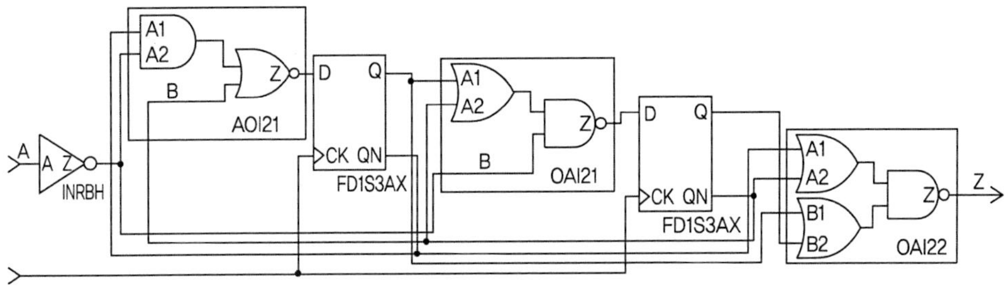


| 그림 3-7 | 래치가 없는 형태의 출력

### 3.5.2 Mealy FSM

Mealy FSM은 회로의 출력이 기계의 상태뿐만 아니라 입력 값에도 종속된다. 그림 3-8에 해당 동작 방식이 묘사되어 있다. 이러한 경우, FSM의 출력값은 클록의 동작과 관계없이 비동기적으로 변경될 수 있다.

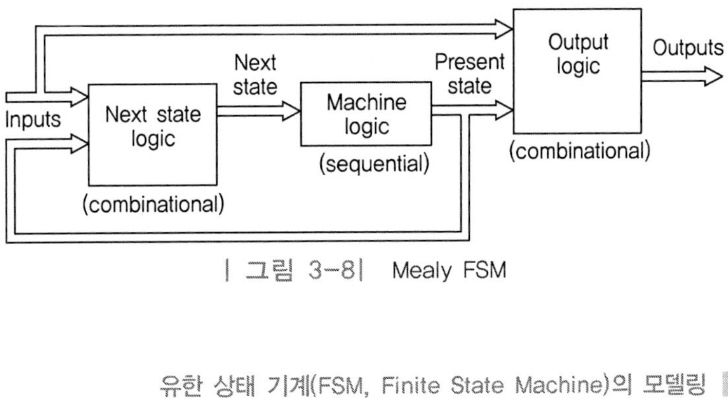


| 그림 3-8| Mealy FSM

Mealy FSM을 표현하기 위한 가장 좋은 방법은 2개의 always 문장을 사용하는 것이다. 첫 번째 always 문장은 순차회로를 표현하기 위함이고, 두 번째 always 문장은 조합회로를 표현하기 위함이다. 이 경우, 조합회로 부분은 다음 상태(next state)와 출력값을 계산하는 회로를 포함한다. 이러한 방식이 필요한 이유는 입력값의 변화가 조합회로로 설계된 출력값에 직접적으로 영향을 미치기 때문이다. FSM의 상태는 reg 변수를 통해 모델링 된다.

다음에 Mealy FSM이 소개되어 있다. 변수 *MealyState*는 현재의 상태를 저장하고 있으며, 변수 *NextState*는 조합회로의 always 문장으로부터 순차회로의 always 문장으로 정보를 전달하기 위해 사용된다. 입력 *Reset*은 *ST0*로의 비동기적 상태전이를 위해 사용된다.

```
module MealyFSM (A, ClkB, Reset, Z);
  input A, ClkB, Reset;
  output Z;
  reg Z;

  parameter ST0 = 4'b00, ST1 = 4'b01, ST2 = 4'b10;
  reg [0:1] MealyState, NextState;

  // Sequential logic:
  always @ (posedge Reset or posedge ClkB)
    if (Reset)
      MealyState <= ST0;
    else
      MealyState <= NextState;

  // Combinational logic:
  always @ (MealyState or A)
    case (MealyState)
      ST0 :
        begin
          Z = (A) ? 1 : 0;
          NextState = (A) ? ST2 : ST0;
        end
      ST1 :
        begin
          Z = (A) ? 1 : 0;
```

```
            NextState = (A) ? ST0 : ST1;
          end
        ST2 :
          begin
            Z = 0;
            NextState = (A) ? ST1 : ST2;
          end
        default : // default behavior; required, else
                  // latches are inferred for Z and NextState.
          begin
            Z = 0; NextState = ST0;
          end
      endcase
    endmodule
    // Synthesized netlist is shown in Figure 3-9.
```

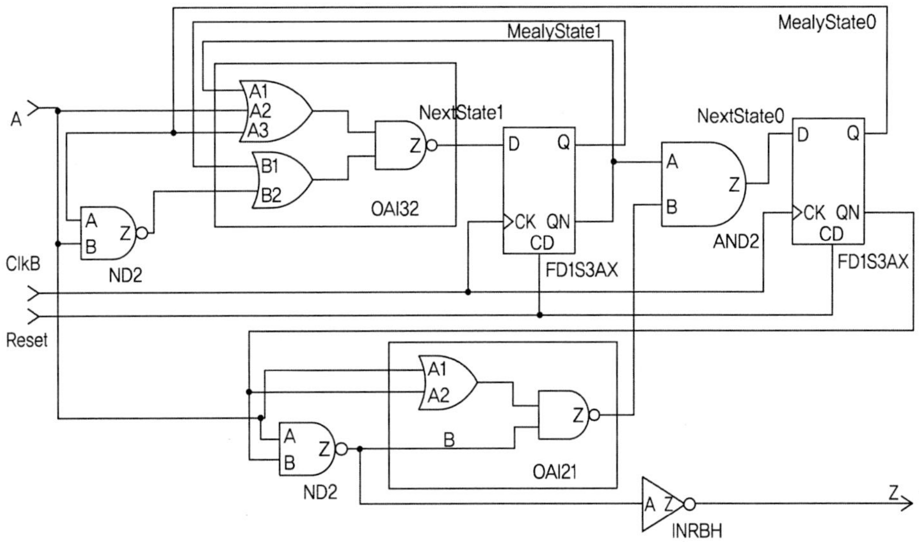


| 그림 3-9 | Mealy FSM으로 합성된 네트리스트

2개의 플립플롭이 *MealyState*의 값을 저장하기 위해 생성되었다. `case` 문장의 기본 분기(default) 문장은 다음에서 보여 지는 `full_case` 문장을 사용함으로 방지될 수 있다.

```
always @ (MealyState or A)
  case (MealyState) // synthesis full_case
    ST0 :
      begin
        Z = (A) ? 1 : 0;
        NextState = (A) ? ST2 : ST0;
      end
    ST1 :
      begin
        Z = (A) ? 1 : 0;
        NextState = (A) ? ST0 : ST1;
      end
    ST2 :
      begin
        Z = 0;
        NextState = (A) ? ST1 : ST2;
      end
  endcase
```

이 경우 *Z*와 *NextState*를 위한 래치가 생성되지 않는다. 이는 full_case 합성 지시자에 의해 더 이상의 또 다른 상태가 발생되지 않음이 정의되었기 때문이다. 하지만 래치를 생성하지 않기 위해 보다 더 선호되는 모델링 기법은 기본 분기 문장의 활용이다.

다음은 Mealy FSM의 또 다른 예제이다. 소개된 예제는 one-hot encoding state 회로이다.

```
module MealyFSM2 (A, ClkC, Reset, Z);
  input A, ClkC, Reset;
  output Z;
  reg Z;

  parameter ST0 = 2'd0, ST1 = 2'd1, ST2 = 2'd2;
  reg [0:2] MealyState, NextState;

  // Sequential logic:
  always @ (posedge Reset or posedge ClkC)
```

```
    if (Reset)
    begin
      MealyState <= 0;
      MealyState[ST0] <= 1'b1;
    end
    else
      MealyState <= NextState;

  // Combinational logic:
  always @ (MealyState or A)
  begin
    NextState = 3'b0;     // Default assignment.
    Z = 1'b0;

    case (1'b1)
      MealySatate [ST0] :
        if (A)
        begin
          Z = 1'b1;
          NextState[ST2] = 1'b1;
        end
        else
          NextState[ST0] = 1'b1;
      MealySatate [ST2] :
        if (A)
        begin
          Z = 1'b1;
          NextState[ST0] = 1'b1;
        end
        else
          NextState[ST1] = 1'b1;
      MealySatate [ST2] :
        if (A)
          NextState[ST1] = 1'b1;
        else
          NextState[ST2] = 1'b1;
    endcase
  end
endmodule
// Synthesized netlist is shown in Figure 3-10.
```

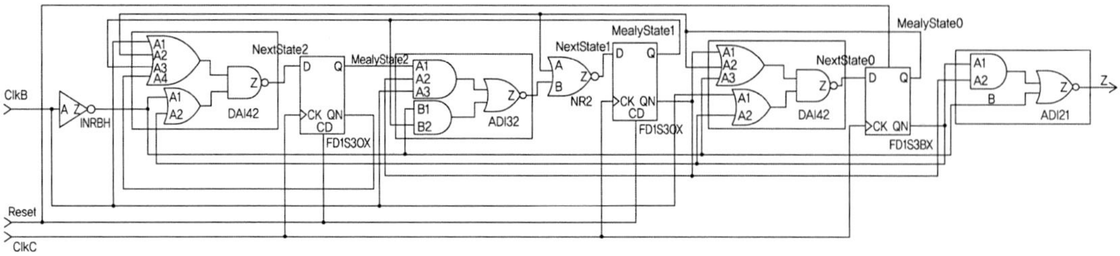


| 그림 3-10 | One-hot encoding state 회로도

### 3.5.3 상태의 표현

FSM의 상태를 표현하기 위한 다양한 방식들이 존재한다. 이 책에서는 그 가운데 가장 일반적인 방식들을 소개한다. 상태의 표현에 대한 설명을 위해, 우리는 앞서 언급된 *Moore FSM* 모델을 예제로 활용한다.

#### ● 정수의 사용

가장 단순한 방식은 정수값을 상태값으로 할당하는 것이다.

```
integer MooreState;
. . .
case (MooreState)
  0 : . . .
    MooreState = 2;
    . . .
  1 :
    . . .
endcase
```

이러한 방식의 문제점은, 상태를 나열하기 위해 정수형 변수가 가질 수 있는 모든 값의 범위를 하드웨어적으로 표현하는 것이 비효율적이라는 것이다. 이를 위해 기본 분기 구문을 case 문장에 추가하거나 full_case 합성 지시자를 사용하는 방법을 통해 래치의 생성을 방지하여야 한다. 이 방식의 또 다른 문제점은 상태에 대한 가독성이 떨어진다는 것이다.

### 선언된 인자의 사용

또 다른 방식은 인자를 선언하고 이를 case 문장에서 사용하는 방식이다.

```
parameter S0 = 0, S1 = 1, S2 = 2, S3 = 3;

reg [0:1] MooreState;
. . .
case (MooreState)
  S0 : . . .
    MooreState = S2;
    . . .
  S1 :
    . . .
endcase
```

이러한 방식의 장점은 상태의 표현이 한 장소에서 명시적으로 이루어지며, 이에 대한 수정도 용이하다는 점이다. 선언된 인자가 사용되었을 경우, 합성 시스템은 해당 정수 변수를 표현하기 위한 최소한의 비트값을 활용하게 된다. 이전 예제의 경우를 살펴보면, 2비트만이 상태를 저장하기 위해 사용되는데, 이는 최대 정수값이 3이기 때문이다.

각각의 상태를 비트들의 벡터 형태로 표현함으로도 상태의 묘사가 가능하다.

```
parameter S0 = 3'b000, S1 = 3'b001, S2 = 3'b010,
          S3 = 3'100;

reg [0:2] MooreState;
. . .
case (MooreState)
  S0 : . . .
    MooreState = S2;
    . . .
  S1 :
    . . .
endcase
```

이러한 경우 상태의 표현을 위해 필요한 비트수는 인자에서 할당된 비트수와 동일하다. 주어진 예제에서는 3비트이다. 물론 *MooreState*는 3비트를 가지기에 충분한 크기로 합성된다.

## 3.6 Universal Shift Register(USR) 모델링

다음은 3비트 USR에 대한 합성 모델이다. USR은 다음과 같은 기능을 수행한다.

1) Hold value

2) Shift-left

3) Shift-right

4) Load value

USR은 직렬 in 직렬 out 레지스터, 병렬 in 병렬 out 레지스터, 직렬 in 병렬 out 레지스터, 그리고 병렬 in 직렬 out 레지스터의 형태로 각각 모델링이 가능하다. 다음은 3비트 USR에 대한 상태표(state table)이다.

| Function | Inputs | | Next state | | |
|---|---|---|---|---|---|
| | (*S0* | *S1*) | (*Q*[2] | *Q*[1] | *Q*[0]) |
| Hold | 0 | 0 | *Q*[2] | *Q*[0] | *Q*[0] |
| Shift left | 0 | 1 | *Q*[1] | *Q*[0] | *RightIn* |
| Shift right | 1 | 0 | *LeftIn* | *Q*[2] | *Q*[1] |
| Load | 1 | 1 | *ParIn*[2] | *ParIn*[1] | *ParIn*[0] |

합성된 모델은 다음과 같다.

```
module UnivShiftRegister (Clock, Clear, LeftIn,
                          RightIn, S0, S1, ParIn, Q);
  input Clock, Clear, LeftIn, RightIn, S0, S1;
  input [2:0] ParIn;
  output [2:0] Q;
  reg  [2:0] Q;
```

```
always @ (negedge Clear or posedge Clock)
  if (! Clear)
    Q <= 3'b000;
  else
    case ({S0, S1})
      2'b00 : ;
      2'b01 :
        Q <= {Q[1:0], RightIn};
      2'b10 :
        Q <= {LeftIn, Q[2:1]};
      2'b11 :
        Q <= ParIn;
    endcase
endmodule
// Synthesized netlist is shown in Figure 3-11.
```

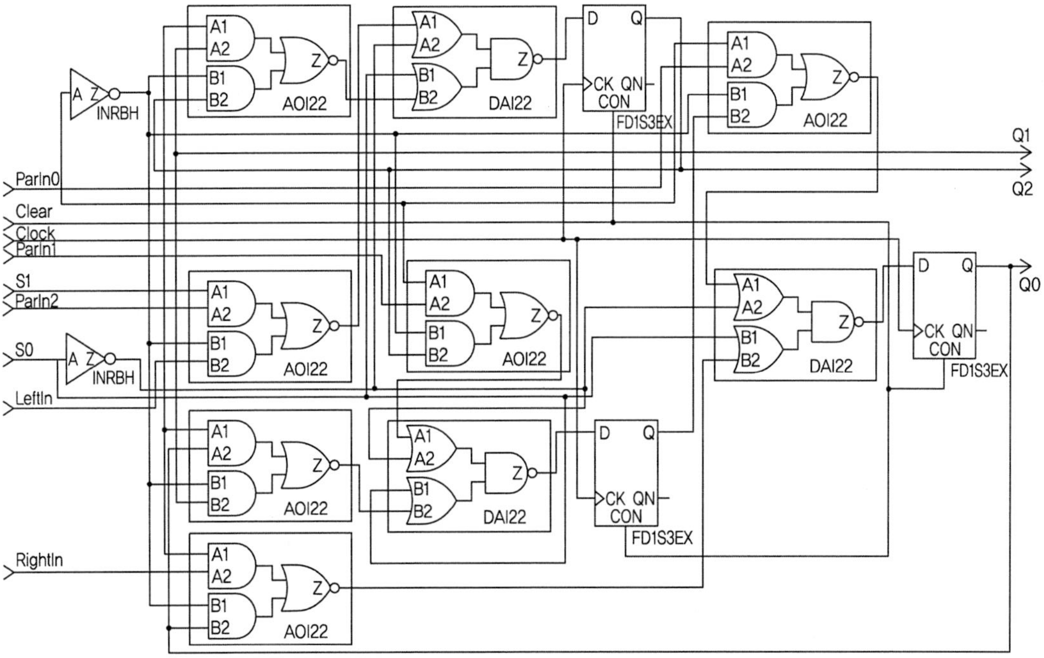


| 그림 3-11 | 3비트 USR

## 3.7 ALU 모델링

### 3.7.1 인자화된 ALU

다음은 인자화된 N-비트 ALU이다. 제시된 ALU는 exclusive-or, less than, increment by 1 연산을 수행한다.

```
module ArithLogicUnit (A, B, Select, CompareOut, DataOut);
  parameter N = 2;
  input [N-1:0] A, B;
  input [2:0] Select;
  output CompareOut;
  output [N-1:0] DataOut;
  reg CompareOut;
  reg [N-1:0] DataOut;

  parameter OP_XOR = 3'b001, OP_INCRA = 3'b010,
            OP_LT = 3'b100;

  always @ (A or B or Select)
    case (Select)
      OP_INCRA :
        begin
          DataOut = A + 1;
          CompareOut = 'bx;
        end
      OP_XOR :
        begin
          DataOut = A ^ B;
          CompareOut = 'bx;
        end
      OP_LT :
        begin
          CompareOut = A < B;
          DataOut = 'bx;
        end
```

```
      default :
        begin
          CompareOut = 'bx;
          DataOut = 'bx;
        end
    endcase
endmodule
// Synthesized netlist is shown in Figure 3-12.
```

이와 다른 크기의 ALU에 대한 설계는 다른 값으로 사례화된 인자의 사용으로 구현이 가능하다. 다음은 4비트의 ALU에 대한 예제이다.

```
module FourBitALU (A, B, Sel, Cmp, Data);
  parameter ALU_SIZE = 4;
  input [ALU_SIZE-1:0] A, B;
  input [2:0] Sel;
  output Cmp;
  output [ALU_SIZE-1:0] Data;

  ArithLogicUnit #(ALU_AIZE) InstA (A, B, Sel, Cmp, Data);
endmodule
```

### 3.7.2 단순 ALU

또 다른 형태의 단순한 ALU가 소개되어 있다. 이 ALU는 add, nand, greater than, exclusive-or 연산을 수행한다. ALU를 모델링하기 위해 조건식에서 연속 할당 문장을 사용하였다.

```
module CustomALU (A, B, OpCode, DataZ, CompZ);
  parameter NBITS = 2;
  input [NBITS-1:0] A, B;
  input [1:0] OpCode;
  output [NBITS-1:0] DataZ;
  output CompZ;
```

```
parameter ADD_OP = 0, NAND_OP = 1, GT_OP = 2, XOP_OP = 3;

  assign DataZ = (OPCode == ADD_OP) ? A + B :
                 (OPCode == NADD_OP) ? (A & B) :
                 (OPCode == XOR_OP) ? A ^ B :
                 'bx;
  assign CompZ = (OPCode == GT_OP) ? A > B : 'bx;
endmodule
// Synthesized netlist is shown in Figure 3-13.
```

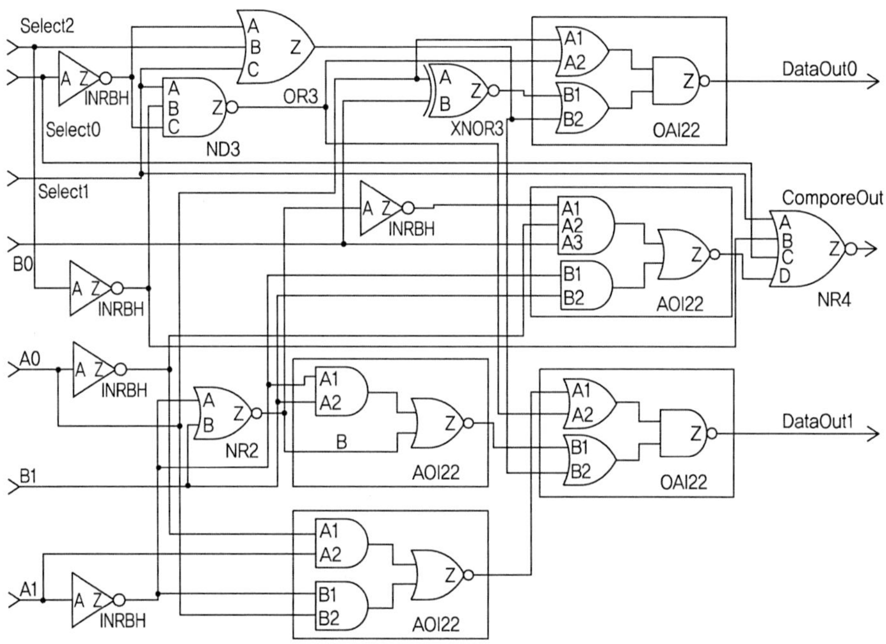


| 그림 3-12 | 2비트 ALU

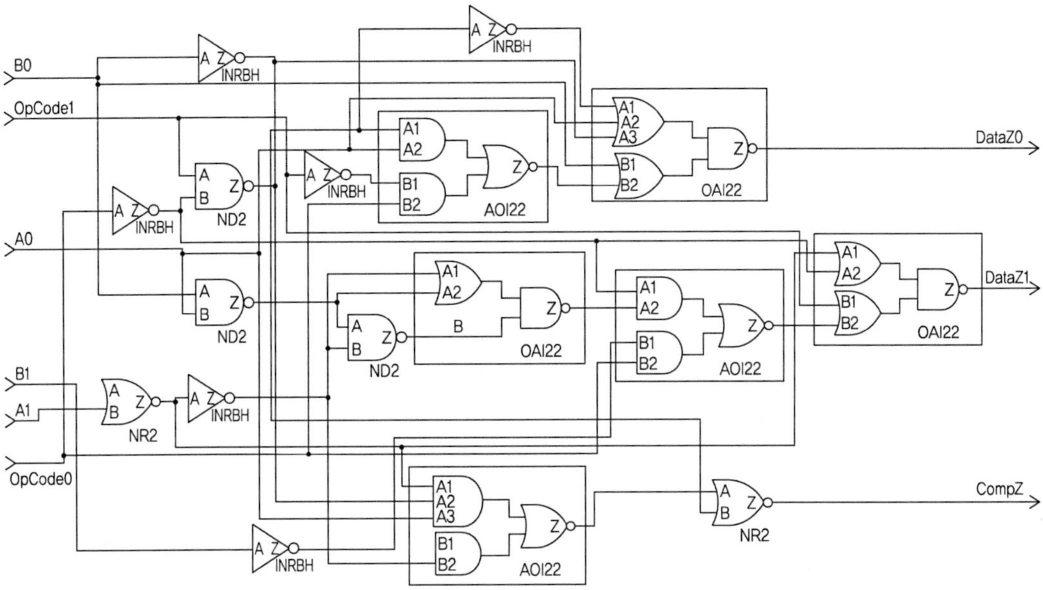


| 그림 3-13 | 2비트 custom ALU

## 3.8 카운터 모델링

### 3.8.1 이진 카운터(Binary Counter)

다음은 동기화된 preset과 clear 신호를 가지는 인자화된 N-비트 이진 상승-하강 카운터이다. 카운터는 클록의 상승 에지에 동기화 되어 설계되었다.

```
module BinaryCounter (Ck, UpDown, PressClear, LoadData,
                      DataIn, Q, QN);
  parameter NBITS = 2;
  input Ck, UpDown, PressClear, LoadData;
  input [NBITS-1:0] DataIn;
  output [NBITS-1:0] Q;
  output [NBITS-1:0] QN;

  reg [NBITS-1:0] Counter;
  always @ (posedge Ck)
    if (PresetClear)
      Counter <= 0;
```

```
      else if (~ LoadData)
        Counter <= DataIn;
      else if (UpDown)
        Conuter <= Counter + 1;
      else
        Counter <= Counter - 1;

    assign Q = Counter;
    assign QN = ~ Counter;
  endmodule
  // Synthesized netlist of a 2-bit binary counter is
  //  shown in Figure 3-14.
```

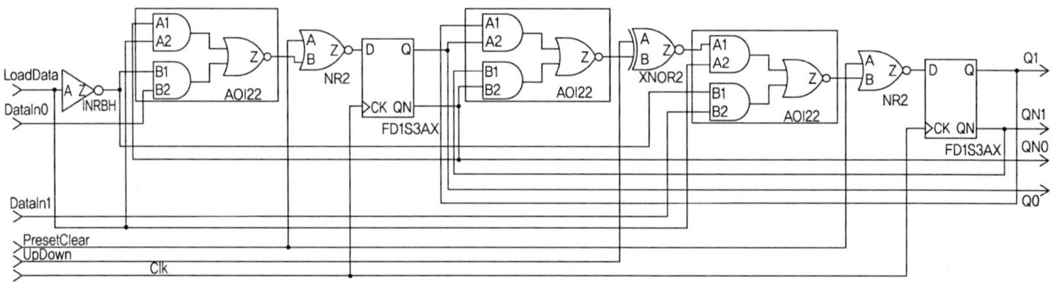


| 그림 3-14 | load 및 clear 기능을 포함하는 2비트 상승-하강 이진 카운터

### 3.8.2 Modulo-N 카운터

다음은 modulo-N 카운터이다. 이 카운터는 동기적으로 동작하는 preclear 제어 신호만을 가지며, 모든 제어 변환은 클록의 상승 에지에서 동작한다.

```
// Number of bits in counter: NBITS
// Modual: UPTO
module ModuloN_Cntr (Clock, Clear, Q, QBAR);
  parameter NBITS = 2, UPTO = 3;
  input Clock, Clear;
  output [NBITS-1:0] Q, QBAR;
  reg [NBITS-1:0] Counter;

  always @ (posedge Clock)
```

```
      if (Clear)
        Counter <= 0;
      else
        Counter <= (Counter + 1) % UPTO;

    assign Q = Counter;
    assign QBAR = ~ Counter;
endmodule
// Synthesized netlist for a modulo-3 counter is shown
// in Figure 3-15.
```

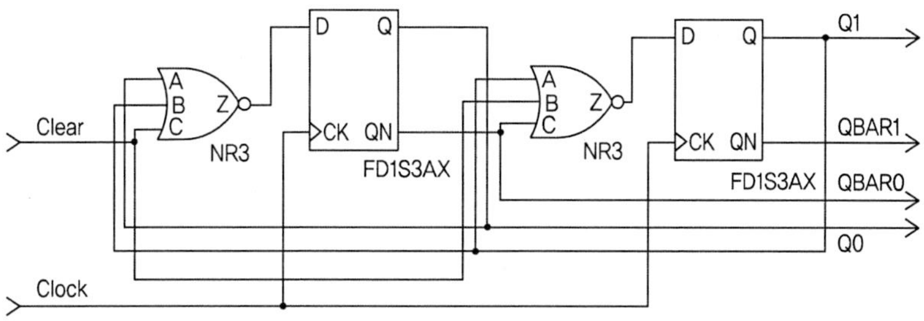


| 그림 3-15 | Modulo-3 이진 카운터

### 3.8.3 존슨 카운터

존슨 카운터(Johnson counter)는 쉬프트 카운터의 한 가지 형태이다. 3비트 존슨 카운터의 동작은 다음과 같다.

```
000
001
011
111
110
100
000
```

존슨 카운터를 설계하기 위해서는, 다음의 사항들에 대해 유의해야 한다.

1) 카운터의 MSB 비트가 1인 경우, 0 값이 우측으로부터 쉬프트 되어 새롭게 들어온다.

2) 카운터의 MSB 비트가 0인 경우, 1 값이 우측으로부터 쉬프트 되어 새롭게 들어온다.

다음은 비동기 preclear 제어 신호를 가지는 인자화된 *N*-비트 존슨 카운터이다.

```
module JohnsonCounter (ClockJ, PreClear, Q);
  parameter NBITS = 3;
  input ClockJ, PreClear;
  output [1:NBITS] Q;
  reg [1:NBITS] Q;

  always @ (negedge PreClear or negedge ClockJ)
    if (! PreClear)
      Q <= 0;
    else
    begin
      if (! Q[1])
        Q <= {Q[2:NBITS], 1'b1};
      else
        Q <= {Q[2:NBITS], 1'b0};
    end
endmodule
// Synthesized netlist for a 3-bit Johnson counter is
// shown in Figure 3-16.
```

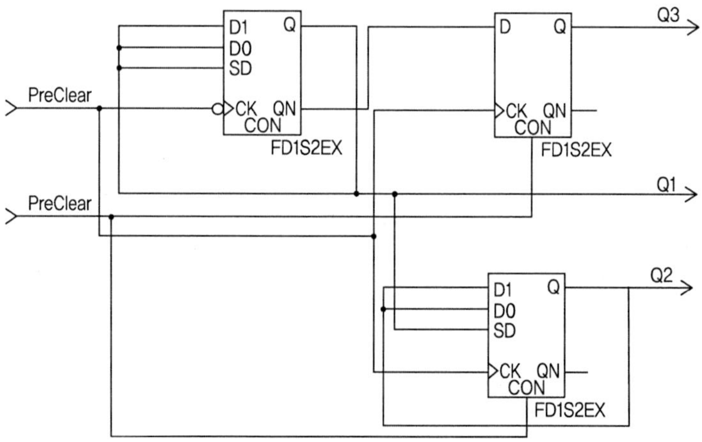


| 그림 3-16 |  3비트 존슨 카운터

### 3.8.4 Gray 카운터

Gray 카운터는 다음과 같은 동작을 수행하는 변환 회로를 가지는 이진 카운터이다.

1) 첫 번째 gray 비트, 즉 최좌측 비트는 첫 번째 이진 비트와 동일하다.
2) 두 번째 gray 비트는 두 번째 이진 비트와 첫 번째 이진 비트의 xor 연산에 의해 결정되며, 같은 방식이 다음 비트들에도 적용된다. 즉 각각의 인접한 비트들이 다음의 gray 비트값을 얻기 위해 xor 연산화된다.

예를 들어, 4비트 이진 카운터 4'b1100은 gray 카운터 4'b1010에 대응된다. 동기화된 preclear 제어 신호를 가지는 인자화된 N-비트 gray 증가 카운터(up counter)가 다음에 제시되어 있다.

```
module GrayCounter (ClockG, Clear, Q, QN);
  parameter NBITS = 3;
  input ClockG, Clear;
  output [1:NBITS] Q, QN;

  reg [1:NBITS] Counter, GrayCount;
  integer K;

  always @ (posedge ClockG)
    if (Clear)
      Counter <= 0;
    else
      Counter <= Counter + 1;

  always @ (Counter)
  begin
    GrayCount[1] = Counter[1];

    for (K = 2; K <= NBITS; K = K + 1)
      GrayCount[K] = Counter[K-1] ^ Counter[K];
  end

  assign Q = GrayCount;
  assign QN = ~ GrayCount;
```

```
endmodule
// Synthesized netlist for a 3-bit Gray counter is shown in
// Figure 3-17.
```

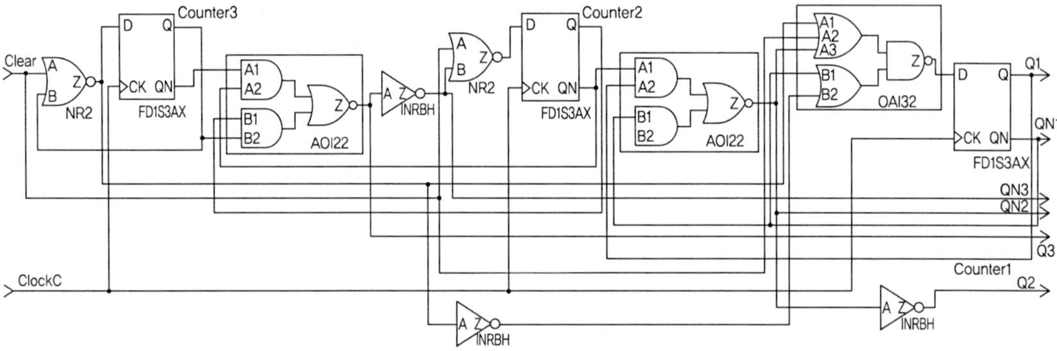


| 그림 3-17 | 3 비트 Gray 카운터

## 3.9 인자화된 가산기의 모델링

다음은 carry 입력과 carry 출력을 포함하는 인자화된 N-비트 가산기 모델이다. 최좌측 비트가 MSB이다. 그림 3-18은 carry 입력과 carry 출력을 포함하는 3비트 가산기의 합성된 네트리스트를 보여준다.

```
module AddWithCarryInCarryOut (OpdA, OpdB, CarryIn,
                               CarryOut, Sum);
  parameter NUMBITS = 3;
  input [NUMBITS:1] OpdA, OpdB;
  input CarryIn;
  output CarryOut;
  output [NUMBITS:1] Sum;

  assign {CarryOut, Sum} = OpdA + OpdB + CarryIn;
endmodule
// Synthesized netlist for a 3-bit parameterized adder
// is shown in Figure 3-18.
```

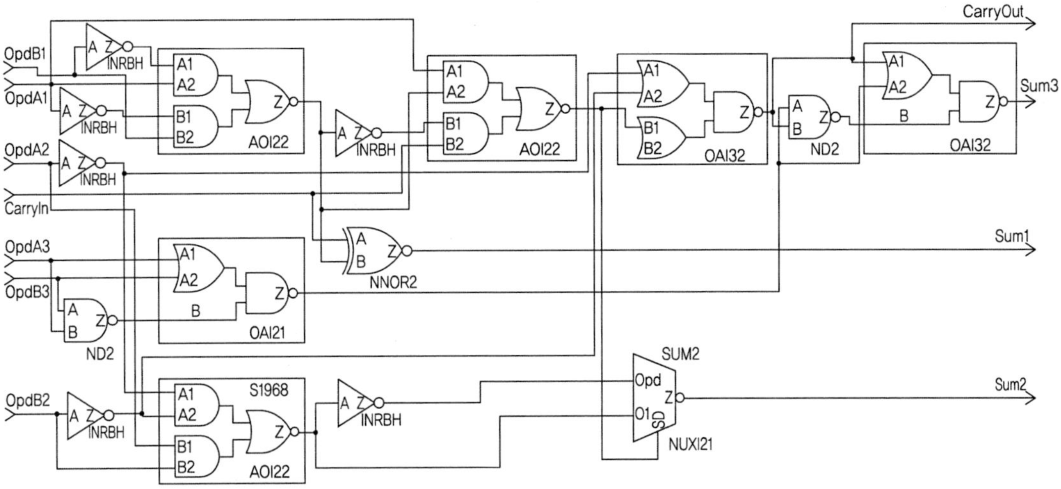


| 그림 3-18 | carry 입력과 carry 출력을 포함하는 3비트 가산기

## 3.10 인자화된 비교기의 모델링

다음은 인자화된 *N*-비트 이진 비교기(binary comparator) 모델이다. 입력 벡터들은 unsigned로 취급되며 수치적 비교가 이루어진다.

```
module Comparator (A, B, EQ, GT, LT, NE, GE, LE);
  parameter NUMBITS = 2;
  input [NUMBITS:1] A, B;
  output EQ, GT, LT, NE, GE, LE;

  reg [5:0] ResultBus;
  // Bit 5 is EQ, bit 4 is GT, 3 is LT, 2 is NE,
  // 1 is GE and 0 is LE.

  always @ (A or B)
    if (A == B)
      ResultBus = 6'b100011;
    else if (A < B)
      ResultBus = 6'b001101;
```

```
    else // (A > B)
      ResultBus = 6'b010110;

   assign {EQ, GT, LT, NE, GE, LE} = ResultBus;
endmodule
// Synthesized netlist for a 2-bit comparator is shown in
// Figure 3-19.
```

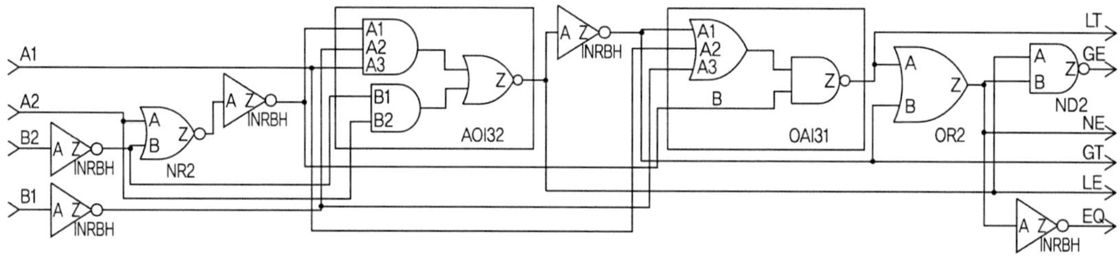


| 그림 3-19 | 2비트 비교기

## 3.11 디코더 모델링

### 3.11.1 단순 디코더

다음은 단순한 형태의 2-by-4 디코더(decoder) 회로이다. 이는 연속 할당 문장을 사용하여 만들어진 순수한 조합회로이다. 각 할당 문장의 지연 시간 값들은 합성 시스템에 의해 무시된다.

```
module SimpleDecoder (A, B, Enable, DecodeOut);
   input A, B, Enable;
   output [0:3] DecodeOut;
   wire Abar, Bbar

   assign Abar = ~ A;
   assign Bbar = ~ B;
   assign DecodeOut[0] = ~ (Enable & Abar & Bbar);
   assign DecodeOut[1] = ~ (Enable & Abar & B);
   assign DecodeOut[2] = ~ (Enable & A & Bbar);
```

```
  assign DecodeOut[3] = ~ (Enable & A & B);
endmodule
// Synthesized netlist is shown in Figure 3-20.
```

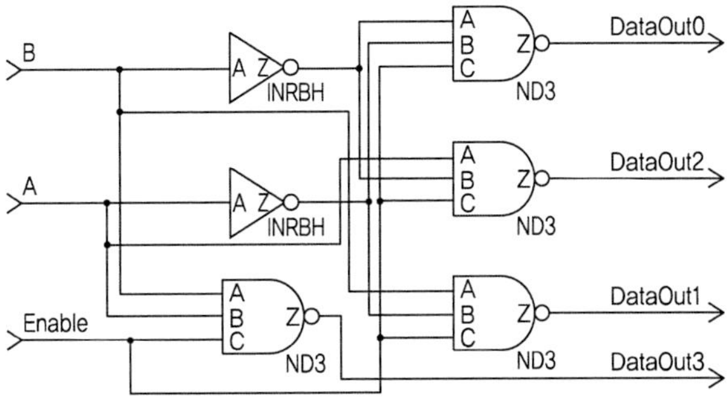


| 그림 3-20 | 단순 2-by-4 디코더

## 3.11.2 이진 디코더

다음은 인자화된 *N*-비트 이진 디코더이다.

```
module BinaryDecoder (SelectAddress, DecodeOut);
  parameter SBITS = 2;
  parameter OUT_SBITS = 4; // Should be 2 to power of SBITS
  input [SBITS-1:0] SelectAddress;
  output [OUT_BITS-1:0] DecodeOut;
  reg [OUT_BITS-1:0] DecodeOut;

  integer k;

  always @ (SelectAddress)
    for (k = OUT_BITS-1; k >= 0; k - 1)
      DecodeOut[k] = (k == SelectAddress) ? 'b1 : 'b0;
endmodule
// Synthesized netlist for a 2-bit binary decoder is shown
// in Figure 3-21.
```

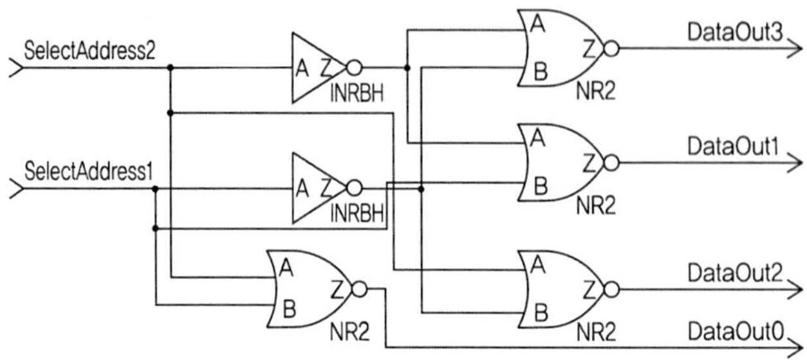


| 그림 3-21 | 2비트 이진 디코더

### 3.11.3 존슨 디코더

다음은 enable 제어 신호를 가지는 인자화된 *N*-비트 존슨 디코더이다.

```
module JohnsonDecoder (S, En, Y);
  parameter N = 3;
  input [0:N-1] S;
  input En;
  output [0:2*N-1] Y;
  reg [0:2*N-1] Y;

  reg [0:2*N-1] Address;
  integer J;

  always @ (S or En)
    if (En == 'b1)
    begin
      Address = 0;

      for (J = 0; J < N; J = J + 1)
        if (S[J])
          Address = Address + 1;

      if (S[0])
        Address = 2*N - Address;

      Y = 'b0;
      Y[Address] = 'b1;
    end
```

```
      else if (En == 'b0)
        Y = 'b0;
      else
        Y = 'bx;
endmodule
// Synthesized netlist for a 3-bit Johnson decoder is
// shown in Figure 3-22.
```

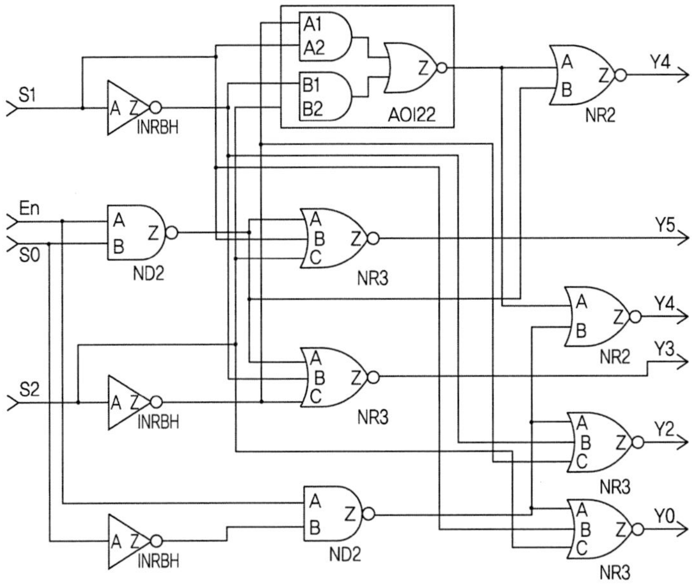


| 그림 3-22 | 3비트 존슨 디코더

## 3.12 멀티플렉서 모델링

### 3.12.1 단순 멀티플렉서

다음은 4-by-1 멀티플렉서(multiplexer) 회로의 모델이다. 이 경우, 비트 선택은 조합회로를 표현하기 위해 연속 할당 문장으로 사용되었다.

```
module SimpleMultiplexer (DataIn, SelectAdder, MuxOut);
  input [0:3] DataIn;
  input [0:1] SelectAddr;
  output MuxOut;

  assign MuxOut = DataIn[SelectAddr];
endmodule
// Synthesized netlist is shown in Figure 3-23.
```

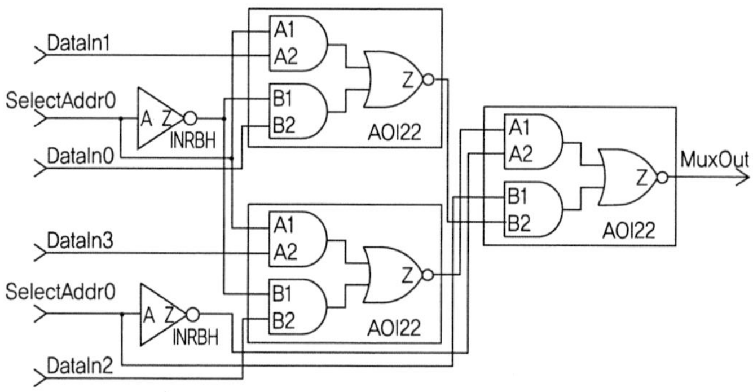


| 그림 3-23 | 4-by-1 멀티플렉서

### 3.12.2 인자화된 멀티플렉서

다음은 인자화된 멀티플렉서이다. 각 워드 당 비트 수 및 멀티플렉서의 워드 수는 인자에 의해 모델링된다. 입력 데이터는 *DataBus*라는 단일 배열에 의해 표현된다. 멀티플렉서는 encode되지 않은 라인을 선택하는 기능과 enable 기능을 가지고 있다. 역변환된 출력 또한 제공된다. 모든 출력들은 *Enable* 신호의 조건에 기반하여 3 상태화(three-state'ed)되었다.

```
module BinaryMultiplexer (DataBus, Select, Enable, Y, Ybar);
  parameter NBITS = 2, WORDS = 2;
  input [NBITS * WORDS-1:0] DataBus;
    // DataBus is a linearized 2D array.
  input [WORDS-1:0] Select;      // Decoded select lines.
  input Enable;
  output [NBITS-1:0] Y, Ybar;
  reg [NBITS-1:0] Y, Ybar;

  integer K;

  function [WORDS-1:0] GetWordIndex;
    // Gets the first index that has value 1.
    input [WORDS-1:0] DecodeSelect;
    integer Inx;
    begin
      GetWordIndex = 0;

      for (Inx = WORDS - 1; Inx >= 0; Inx = Inx - 1)
        if (DecodedSelect[Inx] == 'b1)
          GetWordIndex = Inx;
    end
  endfunction

  always @ (DataBus or Select or Enable)
    if (Enable == 'b1)
    begin
      for (K = 0; K < NBITS; K = K + 1)
        Y[K] = DataBus[GetWordIndex(Select) * NBITS + K];

      Ybar = ~ Y
    end
    else if (Enable == 'b0)
    begin
      Y = 'bz;
      Ybar = 'bz;
    end
    else
```

```
    begin
      Y = 'bx;
      Ybar = 'bx;
    end
endmodule
// Synthesized netlist of a 2-by-2 multiplexer is shown in
// Figure 3-24.
```

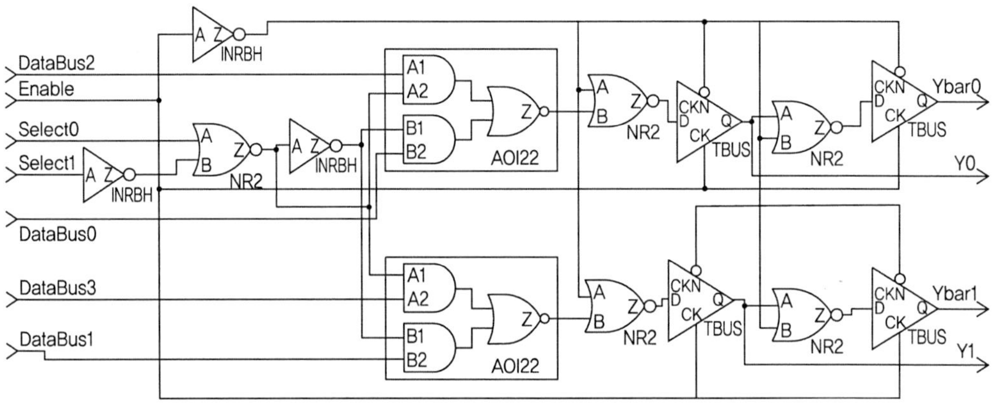


| 그림 3-24 | 2-by-2 이진 멀티플렉서

## 3.13 인자화된 패리티 생성기 모델링

다음은 인자화된 *N*-비트 패리티 생성기(parity generator) 회로이다. 제시된 모델은 짝수 및 홀수 패리티 출력을 모두 제공할 수 있다.

```
module ParityGenerator (DataIn, OddPar, EvenPar);
  parameter NBITS = 4;
  input [NBITS-1:0] DataIn;
  output OddPar, EvenPar;

  assign EvenPar = ^ DataIn;
  assign OddPar = ~ EvenPar;
endmodule
```

```
// Synthesized netlist of a 4-bit parity generator is shown in
// Figure 3-25.
```

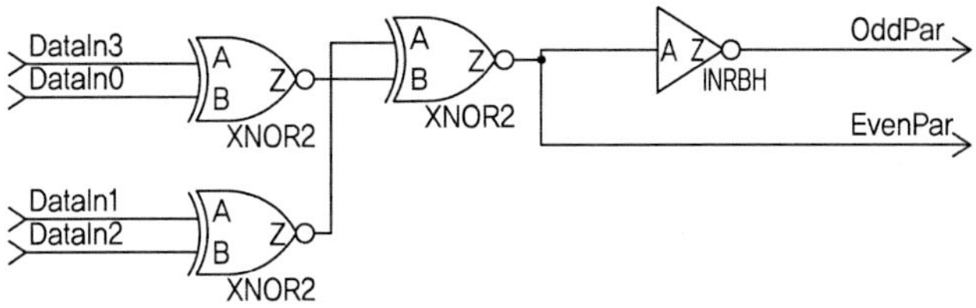


| 그림 3-25 | 4비트 패리티 생성기

## 3.14 3 상태 게이트의 모델링

3 상태 게이트(three-state gate)는 특정한 제어 신호하에 z 값을 변수에 할당하는 방식으로 구현된다. 다음에 소개된 예제를 살펴보자.

```
module ThreeStateGates (ReadState, CpuBus, MainBus);
  input ReadState;
  input [0:3] CpuBus;
  output [0:3] MainBus;
  reg [0:3] MainBus;

  always @ (ReadState or CpuBus)
    if (ReadState)
      MainBus = 4'bz;
    else
      MainBus = CpuBus;
endmodule
// Synthesized netlist is shown in Figure 3-26.
```

변수 *MainBus*는 *ReadState*가 참인 상태에서, 3 상태화 되었다. 만약 *ReadState*가 거짓이라면 *CpuBus*의 값이 *MainBus*에 할당된다.

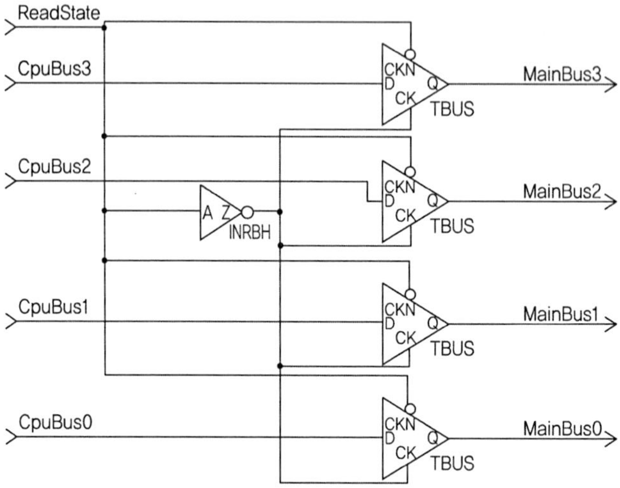


| 그림 3-26 | 3 상태 게이트 뱅크

## 3.15 3개의 연속된 1을 검출하는 회로 모델링[3)]

다음은 입력값 *Data*에 연속된 3개의 1이 나타날 경우, 이를 감지할 수 있는 회로이다. 입력값은 클록의 하강 에지에서 검사된다. 입력에서 연속된 3개의 1이 감지되었을 경우, 출력값은 참으로 설정되며, 그렇지 않은 경우는 거짓으로 설정된다.

```
module Count3Ones (Data, Clock, Reset, SeqFound);
  input Data, Clock, Reset;
  output SeqFound;
  reg SeqFound;

  parameter PATTERN_SEARCHED_FOR = 3'b111;
  reg [2:0] Previous;

  always @ (negedge Clock)
    if (Reset)
    begin
      Previous <= 3'b000;
```

3) A count three one's model

```
            SeqFound <= 1'b0;
          end
          else
          begin
            Previous <= {Previous[1:0], Data};
            SeqFound <= (Previous == PATTERN_SEARCHED_FOR);
          end
      endmodule
      // Synthesized netlist is shown in Figure 3-27.
```

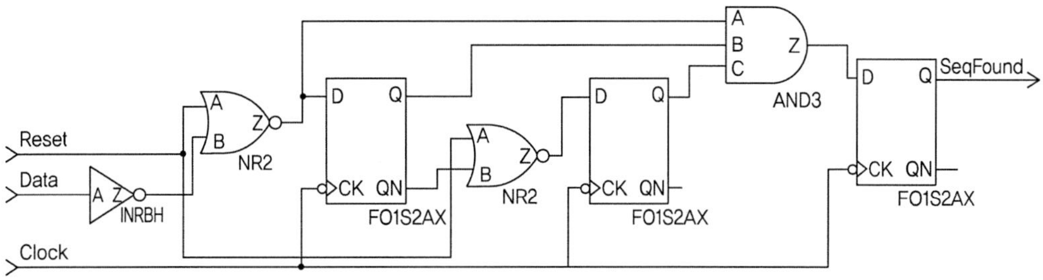


| 그림 3-27 | 연속된 3개의 1을 검출하는 회로

합성 결과 주어진 모델은 4개의 플립플롭을 생성시키고 있다. 변수 *Previous*를 위한 3개의 플립플롭과 *SeqFound*를 위한 1개의 플립플롭이 그것이다. 하지만 최적화 단계에서 *Previous*를 위한 플립플롭 가운데 하나는 불필요하다는 것이 확인되며, 이와 같은 불필요한 플립플롭은 최적화 과정에서 삭제된다. 또한 주어진 모델은 출력이 래치화[4] 되는데, 이는 출력값이 클록 신호의 제어하에서 값 할당이 이루어지기 때문이다. 만약 래치화되는 출력을 원하지 않는다면, *SeqFound*에 대한 값 할당을 always 문장 바깥에서 수행해야 한다. 다음은 이를 반영한 모델이다.

```
      module NoLatchedOutput (Data, Clock, Reset, SeqFound);
        input Data, Clock, Reset;
        output SeqFound;

        parameter PATTERN_SEARCHED_FOR = 3'b111;
        reg [2:0] Previous;
```

4) 출력변수가 래치로 생성됨을 의미한다.

```
  always @ (negedge Clock)
    if (Reset)
      Previous <= 3'b000;
    else
      Previous <= {Previous[1:0], Data};

  assign SeqFound <= (Previous == PATTERN_SEARCHED_FOR);
endmodule
// Synthesized netlist is shown in Figure 3-28.
```

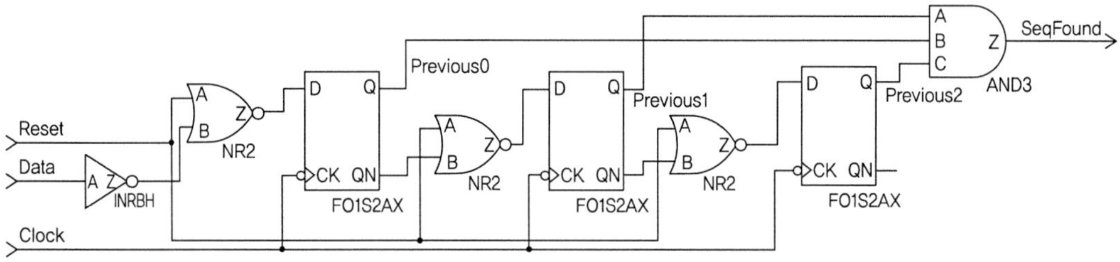


| 그림 3-28 | 래치되지 않는 출력

이 모듈에서는 출력 *SeqFound*가 래치로 생성되지 않는다. 합성 시스템은 변수 *Previous*를 위한 3개의 플립플롭만을 생성한다. 이러한 경우 *Previous*의 모든 비트들은 이전 예제에서와는 달리 최적화 과정에서 생략될 수 없으며 모두 래치화 되어야 한다.

## 3.16 Factorial 모델

다음은 *Data*로 주어진 입력값에 대한 factorial 결과값을 출력하는 모델이다. 결과는 출력값 *Result*와 *Exponent*이며, 이들은 각각 가수(mantissa)와 지수(exponent)를 의미한다. 지수값의 밑(base)은 2이다. 입력값 *Reset*은 모델을 초기화(reset) 시키는 역할을 수행한다.

```
module Factorial (Reset, Start, Clk, Data, Done,
                  Result, Exponent)
  input Reset, Start, Clk;
```

```
input [4:0] Data;
output Done;             // Acknowledge signal
reg Done;
output [7:0] Result, Exponent;
reg [7:0] Result, Exponent;

reg [4:0] InLatch;

always @ (posedge Clk)
begin: BLOCK_A
  integer NxtResult, J;

  if ((Start && Done) || Reset)
  begin
    Result <= 'b1;
    Exponent <= 'b0;
    InLatch <= Data;
    Done <= 'b0;
  end
  else
  begin
    if((InLatch > 1) && (! Done)
    begin
      NextResult = Result * InLatch;
      InLatch <= InLatch - 1;
    end
    else
      NextResult = Result;

    if (InLatch <= 1)
      Done <= 'b1;
      for (J = 1; J <= 5; J = J + 1)
      begin
        if (NextResult > 256)
        begin
          NextResult = NextResult >> 1;
          Exponent <= Exponent + 1;
        end
      end
```

```
            Result <= NextResult;
        end
    end
endmodule
```

합성되었을 경우 주어진 모델은 *InLatch*, *Result*, *Exponent* 그리고 *Done*을 위한 플립플롭을 생성시킨다.

## 3.17 UART 모델

다음은 합성 가능한 UART[5] 모델이다. 이 회로는 RS-232 직렬 입력값을 병렬 출력값으로, 그리고 병렬 입력값을 RS-232 직렬 출력값으로 변환하는 역할을 한다. 자료형의 길이는 8비트라고 가정한다. 우리가 구현할 UART 모델은 그림 3-29에서와 같이 크게 4개의 주요 블록들로 구성된다. *RX*(수신 블록), *TX*(전송 블록), *DIV*(clock divider), 그리고 *MP*(microprocessor 블록)가 그것이다.

각각의 블록들에 대한 기능을 조금 더 자세히 살펴보자. 첫 번째 블록인 *DIV*는 주파수를 분할(frequency divider)하는 역할을 한다. 이 블록은 2개의 모드를 가지는데, 일반 모드와 테스트 모드이다. 테스트 모드에서의 UART 칩은 일반 모드에서보다 16배 빠르게 동작한다. 또한 UART의 전송 데이터율(transmission data rate)은 수신 데이터율 보다 16배 빠르다. 각각의 블록들은 *MR* 포트에 0의 값을 할당하여 reset을 설정하고 초기화 된다. *TX* 블록은 8비트의 병렬 입력값을 *MP* 블록으로부터 받아들이고, 이를 RS-232 *DOUT* 포트에 직렬화하여 전달한다. 반대로, *RX* 블록은 직렬 입력을 받아들여, 이를 8비트의 병렬 형태로 변환한 뒤, *MP* 블록에 전송한다. 이 경우도 전송자(transmitter)는 수신자보다 16배 빠르게 동작한다. *MP* 블록은 *RX*, *TX* 블록과 마이크로프로세서 데이터 버스(data bus) 사이의 병렬적 데이터 흐름을 비동기적으로 제어한다.

---

5) Universal Asynchronous Receiver/Transmitter, 컴퓨터로부터 병렬 회로를 통해 받은 바이트들을 외부에 전달하기 위해 하나의 단일 직렬 비트 스트림으로 변환하는 역할을 한다. 내부로 전송할 때에는 직렬 비트 스트림을 컴퓨터가 처리할 수 있도록 병렬 형태의 바이트로 변환한다.

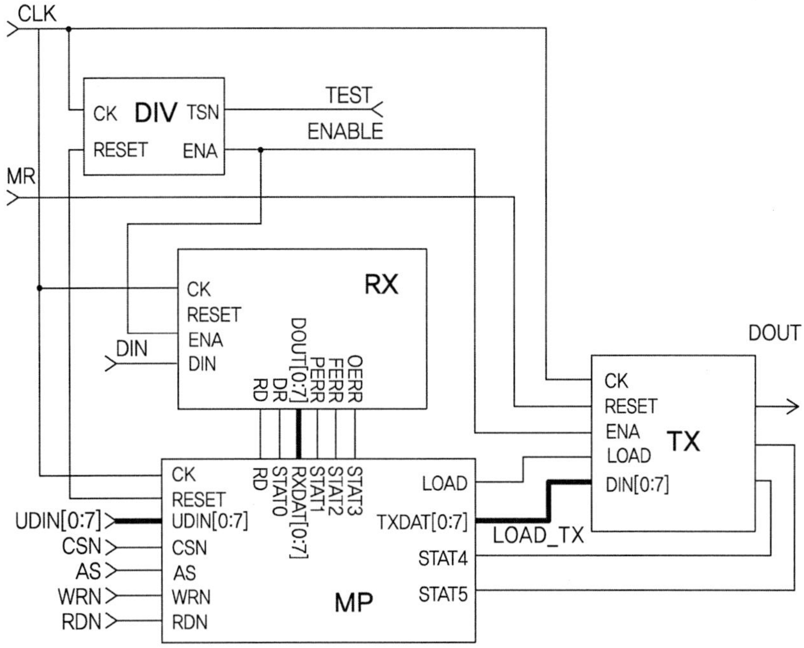


| 그림 3-29 | UART 회로

*UART* 최상위 모듈은 모듈 사례화를 통해 주어진 모든 모듈들을 하나로 묶는다. Microprocessor 요소인 *MP*는 구조적 모델링(structural style)을 활용하여 구현되며, 나머지 3 블록들은 행위적 형태(behavioral style)로 묘사된다. 이 장에서는 행위적 모델링만을 사용한다.

다음은 전송블록인 *TX*에 대한 합성 가능한 행위적 모델이다. Rising-edgetriggered 플립플롭이 *TBR*, *TR*, *TRE*, *TBRE*, *DOUT*, *CBIT* 그리고 *PA*를 위해 생성되었으며, 이들은 각각 클록 *CK*의 제어 하에 값 할당이 이루진다.

```
module TX(CK, RESET, ENABLE, TLOAD, DIN, DOUT, TRE, TBRE);
  input CK, RESET, ENABLE, TLOAD;
  input [7:0] DIN;
  output DOUT, TRE, TBRE;
  reg DOUT, TRE, TBRE;

  reg [7:0] TBR, TR;
  reg [3:0] CBIT;
  reg PA;
```

```
always @ (posedge CK)
begin
  if (! RESET)
  begin
    TRE <= 'b1;
    TBRE <= 'b1;
    DOUT <= 'b1;
    CBIT <= 4'b0;
    PA <= 'b0;
  end
  else if (TLOAD)
  begin
    TBR <= DIN;
    TBRE <= 'b0;
  end
  else if (ENABLE)
  begin
    if (! TBRE && TRE)
    begin
      TR <= TBR;
      TRE <= 'b0;
      TBRE <= 'b1;
    end

    if (! TRE)
      case (CBIT)
        4'b0000:
          begin
            DOUT <= 'b0;
            CBIT <= CBIT + 1;
          end
        4'b0001, 4'b0010, 4'b0011, 4'b0100,
        4'b0101, 4'b0110, 4'b0111, 4'b1000:
          begin
            DOUT <= TR[0];
            PA <= PA ^ TR[0];
            TR <= {1'b1, TR[7:1]};
            CBIT <= CBIT + 1;
          end
```

```
            4'b1001:
              begin
                DOUT <= PA;
                PA <= 'b0;
                TR <= {1'b1, TR[7:1]};
                CBIT <= CBIT + 1;
              end
            4'b1010:
              begin
                DOUT <= TR[0];
                TR <= {1'b1, TR[7:1]};
                CBIT <= CBIT + 1;
              end
            4'b1011:
              begin
                DOUT <= TR[0];
                TRE <= 1'b1;
                TR <= {1'b1, TR[7:1]};
                CBIT <= 4'b0000;
              end
          endcase
        end                          // if (ENABLE)
      end                            // @(posedge CK)
    endmodule
```

다음은 전송블록인 *RX*에 대한 합성 가능한 행위적 모델이다. *START*, *CBIT*, *CSAM*, *DI*, *PI*, *SR*, *DR*, *DOUT*, *PERR*, *FERR* 그리고 *OERR*를 위한 플립플롭이 생성된다.

```
    module RX(CK, RESET, ENA, DIN, RD, DR, DOUT,
              PERR, FERR, OERR);
      input CK, RESET, ENA, DIN, RD;
      output DR;
      reg DR;
      output [7:0] DOUT;
      reg [7:0] DOUT;
      output PERR, FERR, OERR;
```

```
reg PERR, FERR, OERR, START;

reg [3:0] CBIT, CSAM;
reg DI PI;
reg [7:0] SR;

always @ (posedge CK)
begin
  if (! RESET)
  begin
    CBIT <= 0;
    CSAM <= 0;
    START <= 0;
    PI <= 0;
    DR <= 0;
    PERR <= 0;
    FERR <= 0;
    OERR <= 0;
  end
  else                         // if (RESET)
  begin
    if (RD)
      DR <= 0;

    if (ENA)
      if (! START)
      begin
        if (! DNA)
        begin
          CSAM <= CSAM + 1;
          START <= 1;
        end
      end
    else if (CSAM  == 8)
    begin
      DI <= DIN;
      CSAM <= CSAM + 1;
    end
```

```
    else if (CSAM == 15)
      case (CBIT)
        0:
         begin
            if (DI == 1)
               START <= 0;
            else
               CBIT <= CBIT + 1;
               CSAM <= CSAM + 1;
            end
         1, 2, 3, 4, 5, 6, 7, 8:
            begin
               CBIT <= CBIT + 1;
               CSAM <= CSAM + 1;
               PI <= PI ^ DI;
               SR <= {DI, SR[7:1]}
            end
         9:
            begin
               CBIT <= CBIT + 1;
               CSAM <= CSAM + 1;
               PI <= PI ^ DI;
            end
         10:
            begin
               PERR <= PI;
               PI <= 0;
            if (! DI)
               FERR <= 1;
            else
               FERR <= 0;

            if (DR)
               OERR <= 1;
            else
               OERR <= 0;

            DR <= 1;
            DOUT <= SR;
```

```
            CBIT <= 0;
            START <= 0;
          end
       endcase
       else // ((0 <= CSAM < 8) || (8 < CSAM < 15))
         CSAM <= CSAM + 1;
     end            // if (! RESET)
   end              // @(posedge CK)
endmodule
```

다음은 합성 가능한 *DIV* 블록이다. 이 회로는 매 16 클록 주기마다 파형을 생성한다. 만약 입력값 *TESTN*이 0이면 *ENA*는 1로 set된다. 변수 *COUNT*는 플립플롭으로 생성된다.

```
module DIV (CK, RESET, TESTN, ENA);
  input CK, RESET, TESTN;
  output ENA;

  reg [3:0] COUNT;

  always @ (posedge CK)
    if (!RESET)
      COUNT <= 0;
    else if (!TESTN)
      COUNT <= 4'hF;
    else
      COUNT <= COUNT + 1;          // Increment counter.

  // Combinational part;
  assign ENA = (COUNT == 15);
endmodule
```

## 3.18 블랙잭(Blackjack) 모델

마지막으로 소개될 예제는 합성 가능한 블랙잭 모델이다. 다음은 블랙잭 게임에 대한 간단한 설명이다. 이 게임은 카드 묶음(deck of cards)을 이용하여 진행된다. 카드 2에서 10까지는 그들의 숫자와 동일한 값을 가지며, ace(A)는 1 혹은 11의 값을 가진다. 이 게임의 목적은 임의의 카드를 받아 모든 카드들의 숫자의 합이 21을 넘지 않는 범위 내에서 21에 가장 가깝게 만드는 것이다.

입력 *InsertCard*는 프로그램이 새로운 카드를 입력 받을 준비가 되었음을 의미한다. 카드는 *InsertCard*가 참일 경우, 클록의 상승 에지에서 받아들여진다. 입력 *CardValue*는 카드의 숫자값을 의미한다. 만약 일련의 카드가 17에서 21사이의 합을 가진다면 출력값 Won이 참으로 설정된다. 이는 게임에서 승리함을 의미한다. 만약 21을 초과한 경우, 프로그램은 ace 여부를 확인한 후, 이 ace가 1 혹은 11 가운데 어느 것으로 받아들여졌는지를 검사한다. 만약 11로 받아 들여졌다면 1로 변경시키고, 다음 카드를 받을 준비를 한다. 그렇지 않다면 *Lost*가 출력되며 게임에서 패배한다. 만약 Won 혹은 *Lost* 가운데 하나가 출력되면 더 이상의 카드는 받아들여 지지 않는다. 이 게임은 *NewGame*의 값을 참으로 설정함으로 초기화 된다.

```
module Blackjack (CardValue, Clock, InsertCard,
                  NewGame, TotalPoints, Won, Lost);
  input [0:3] CardValue;
  input Clock, InsertCard, NewGame;
  output [0:5] TotalPoints;
  output Won, Lost;
  reg Won, Lost;

  reg AceAvailable, AceValueIs11;
  reg [0:5] ToPts;
  parameter TRUE = 1'b1, FALSE = 1'b0;

  always @ (posedge NewGame or posedge Clock)
    if (NewGame)
    begin
      Won <= FALSE;
      Lost <= FALSE;
```

```
        AceAvailable = FALSE;
        AceValueIs11 = FALSE;
        ToPts = 0;
      end
      else          // posedge Clock
        if (InsertCard && ! Won && ! Lost)
        begin
          if (CardValue == 4'd11)
          begin
            AceAvailable = TRUE;
            AceValueIs11 = TRUE;
          end

          TotPts = TotPts + CardValue;

          if ((TotPts >= 17) && (TotPts <= 21))
            Won <= TRUE;
          else if ((TotPts >= 22) && (TotPts <= 31))
          begin
            if (AceAvailable && AceValueIs11)
            begin
              AceValueIs11 = FALSE;
              TotPts = TotPts - 10;
            end
            else
              Lost <= TRUE;
            end
          end

    assign TotalPoints = TotPts;
endmodule
```

❑

# MODEL OPTIMIZATIONS

CHAPTER 4

이 장에서는 합성된 회로의 효율을 높이기 위한 Verilog HDL의 모델 최적화 기법에 대하여 설명한다. 가령, C 프로그램에 있어서 컴파일러의 최적화 과정을 거쳐 보다 더 효율적인 코드를 생성할 수 있다. 즉 코드 재정렬, 코드 이동 등 여러 가지 기법을 활용하여 C 코드의 실행 효율을 높인다. 이러한 최적화 기법들이 Verilog HDL에서도 동일하게 적용될 수 있다. 또한 하드웨어적 합성에서는, 소프트웨어적 프로그램과는 달리, 합성 결과로 생성된 회로가 Verilog HDL의 모델링 형식에 따라 매우 민감하게 변화되는 경우가 많다. 특정 문장의 위치를 약간 이동시킨다거나, 특정 수식을 분리하는 등의 작업은 경우에 따라서 최종적으로 생성되는 회로에 큰 영향을 미칠 수 있다. 즉 최종적으로 생성되는 회로에서 필요로 하는 게이트 개수를 증가 혹은 감소시킬 수 있으며, 이는 합성된 회로의 공간 복잡도 및 실행 시간에도 큰 영향을 미치게 된다.

그림 4-1은 최적화를 위한 출발 지점(start pointing)과 Verilog HDL로부터 합성된 네트리스트 사이의 공간(area) 및 시간(delay) 복잡도 관계를 나타낸다. 즉 주어진 그래프는 논리 최적화기의 최적화 과정을 통해 도달할 수 있는 공간과 시간의 상호관계를 보여준다. 서로 다른 다양한 출발 지점들은 서로 다른 Verilog HDL 구성자들의 사용 및 프로그램 재작성 등으로 결정된다. 불행하게도, 어떤 모델링 기법 혹은 최적화 기법이 공간과 시간 복잡도에 있어서 최적의 결과를 도출하는지에 대한 정형화된 알고

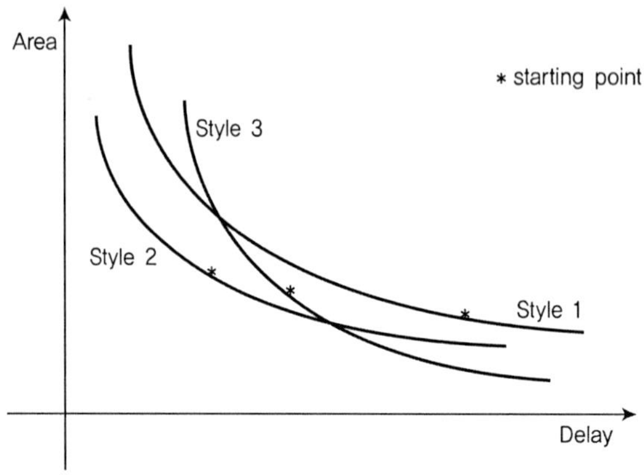


| 그림 4-1 | 서로 다른 코드 스타일 vs. 서로 다른 공간 및 시간의 상관관계

리즘은 없다.

이 장에서는 설계자에 의해 직접 수행될 수 있는 다양한 최적화 기법들에 대하여 소개한다. 이러한 최적화 기법들은, 가령 설계된 회로에서 필요로 하는 산술 및 관계 연산자들의 개수를 줄일 수 있으며, 결과적으로 보다 더 효율적인 회로의 설계를 가능하게 한다. 또한 합성 과정에서 요구되는 수행 시간도 이로 인해 감소될 수 있다.

## 4.1 자원 할당

자원 할당(resource allocation)은 ALU와 같은 공유 가능한 자원의 상호 배타적 공유 과정을 의미한다. 다음과 같은 if 문장을 살펴보자.

```
if (MAX > 100)
   JMA = SMA + BMA;
else
   JMA = SMA - CMA;
```

만약 특별한 자원 할당에 대한 고려 없이 합성이 진행된다면, "+" 연산자와 "–" 연산자를 위한 두 개의 서로 다른 ALU가 생성될 것이다. 하지만, 자원 할당을 고려하여 합성을 수행한다면, "+" 연산과 "–" 연산을 위한 하나의 ALU만 생성해 내는 것이 가능하다. 이는 두 연산이 if 문장의 조건에 따라 상호 배타적으로 발생하기 때문이다. 주어진 예제에서는 추가적인 멀티플렉서도 생성된다. 이는 ALU의 두 번째 입력 단자에서 *BMA*와 *CMA*의 선택적 입력을 위해 필요하다. 그림 4-2는 자원 할당이 이루어지지 않은 if 문장의 사용에 대한 합성 회로이다. 한편, 그림 4-3은 같은 예제를 자원 할당을 고려하여 합성한 경우이다.

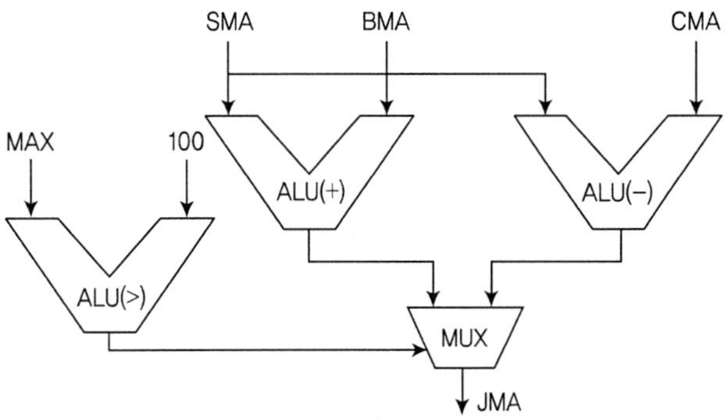


| 그림 4-2 | 자원할당 없이 합성된 회로

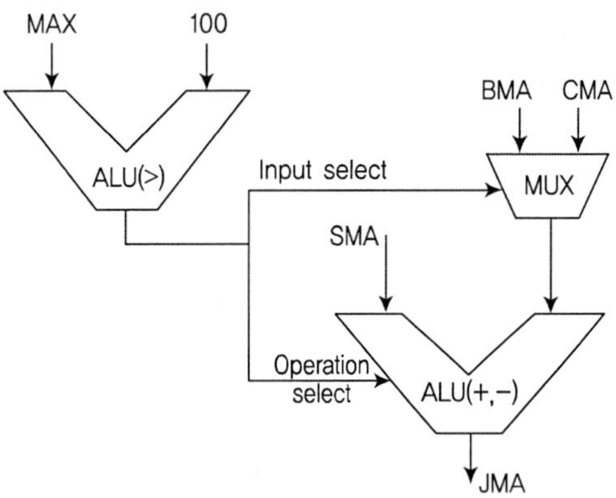


| 그림 4-3 | 자원할당을 고려한 회로

자원 할당을 고려하여 ALU를 공유한 경우, 회로의 임계 경로(critical path)가 증가할 수 있다. 그림 4-3에서 회로의 실행 경로 상 추가적 지연을 야기시키는 ALU 입력단의 멀티플렉서를 눈여겨 볼 필요가 있다. 하지만, 시간 지연은 증가하였으나 전체적으로 생성되는 회로의 크기, 즉 필요한 게이트 개수는 ALU 공유를 통해 감소하였다. 이러한 사항들이 설계자의 입장에서 합성 단계 이전에 반드시 고려되어야 하는 시간 및 공간 복잡도 사이의 상호 절충(trade-off)되는 요구 사항이다. 만약 시간 제약 조건이 강한 시스템 환경이라면, 자원 할당을 고려하지 않는 것이 보다 더 효과적일 수도 있다.

일반적으로 합성 시스템이 자동으로 수행할 수 있는 자원 할당 기법 및 공유 가능한 연산자들은 다음과 같다.

1) relational operators

2) addition

3) subtraction

4) multiplication

5) division

일반적으로, 더하기 연산이나 곱하기 연산만을 위해 ALU를 추가로 생성하는 것은 바람직하지 않다. 또한 곱하기 연산자와 나누기 연산자도 구조적으로 상호 공유될 수 있다. 서로 다른 연산자와 공유될 경우 다음과 같은 사항들을 유의하여야 한다.

1) 같은 연산자와 같은 피연산자 : 공유 가능, 예를 들어 $A+B$, $A+B$

2) 같은 연산자와 하나의 다른 피연산자 : 하나의 멀티플렉서가 생성됨. 따라서 상호 절충적(trade-off), 예를 들어 $A+B$, $A+C$

3) 같은 연산자와 다른 피연산자 : 두 개의 멀티플렉서가 생성됨. 따라서 상호 절충적, 예를 들어 $A+B$, $C+D$

4) 다른 연산자와 같은 피연산자 : 공유하기에 유용. 예를 들어 $A+B$, $A-B$

5) 다른 연산자와 하나의 다른 피연산자 : 하나의 멀티플렉서가 생성됨. 따라서 상호 절충적, 예를 들어 $A+B$, $A-C$

6) 다른 연산자와 다른 피연산자 : 두 개의 멀티플렉서가 생성됨. 따라서 상호 절충적, 예를 들어 $A+B$, $C-D$

1)의 경우가 공유를 위한 가장 좋은 시나리오이며, 다음으로 4), 2)와 5), 그리고 3)과 6)의 순서이다.

자원 할당은 합성 시스템에 의해 자동으로 수행 될 수도 있지만, Verilog HDL의 설계 모델을 수동으로 변경함으로써도 가능하다. 다음의 예제를 살펴보자.

```
if (!ShReg)
  DataOut = AddrLoad + ChipSelectN;
else if (ReadWrite)
  DataOut = ReadN + WriteN;
```

```
else
   DataOut = ReadN + WriteN
```

```
// After manual resource allacation;
if (!ShReg)
begin
   Temp1 = AddrLoad;
   Temp2 = ChipSelectN;
end
else if (ReadWrite)
begin
   Temp1 = AddrLoad;
   Temp2 = ChipSelectN;
end
else if
   Temp1 = ReadN;
   Temp2 = WriteN;
end
else
begin
   Temp1 = AddrLoad;
   Temp1 = ReadN;
end

DataOut = Temp1 + Temp2;
```

수정된 모델의 경우, if 문장에 의해 가산기의 입력단에 하나의 가산기와 곱셈기가 생성된다. 상대적으로 이전 모델의 경우 3개의 가산기를 생성시켰다.

## 4.2 공통 부수식

공통 부수식(common subexpression)을 파악하여 이를 가능한 경우마다 재사용(reuse)하는 것이 효과적일 수 있다. 다음의 예제를 살펴보자.

```
Run = R1 + R2;
. . .
Car = R3 - (R1 + R2);
// Assume that the second assignment is executed every
// time the first statement is executed. Note that this
// assumption may not be true if either of the statement
// is inside an if statement or a case statement.
```

만약 합성 시스템이 공통 부수식을 인지하지 못했다면 최종적으로 2개의 가산기가 생성될 것이다. 즉 동일한 *R1+R2*를 계산하기 위해 서로 다른 가산기가 생성될 것이다. 최적화 도구는 이러한 상황을 인지할 수도 혹은 그렇지 않을 수도 있다. 이를 인지하지 못할 경우, 최종적으로 보다 더 큰 회로가 생성된다. 따라서 공통 부수식을 파악하여 이의 계산 결과를 재사용하는 것이 효과적이다. 이전 예제의 경우는 두 번째 문장을 다음과 같이 재작성할 수 있다.

```
Car = R3 - Run;
```

곱셈기와 같은 큰 블록들을 사용할 경우, 공통 부수식의 파악은 더욱 중요하게 고려되어야 한다.

## 4.3 코드 이동(Code Motion)

가령, for-loop 문장 내부에 다음과 같은 경우가 발생 할 수 있다. 즉 for-loop의 반복 실행에 있어서, 매 수행의 경우 그 값이 변경되지 않는 문장들이 존재할 수 있다. 합성 시스템은 for-loop을 처리하기 위해, for-loop의 반복 횟수만큼 loop unrolling을 수행한다. 이러한 경우, loop의 인덱스 값과 관계없이 불변하는 문장(loop invariant)들이 반복적으로 재차 나열되게 된다. 이러한 상황을 합성 최적화기가 인지할 수도, 혹은 그렇지 못할 수도 있다. 이처럼 반복 실행에 관계없이 항상 일정한 값을 갖는 문장은 loop 외부로 이동시키는 것이 바람직하다. 이러한 최적화 기술은 Verilog HDL 설계의 상위 레벨에서 보다 더 효과적으로 파악될 수 있다. 다음과 같은 예제 살펴보자.

```
Car = . . .
. . .
for (Count = 1; Count <= 5; Count = Count + 1)
begin
   . . .
   Tip = Car - 6;
   // Assumption: Car is not assigned a new value within
   // the loop.
   . . .
end
```

할당 문장의 우변은 loop 인덱스 값의 변화와 무관하다. 즉 변수 Tip의 값은 loop 인덱스인 *Count*와 무관하다. 하지만 코드 이동을 고려하지 않을 경우, 합성 도구는 각각의 반복 수행에 해당하는 5개의 중복된 감산기를 생성할 것이다. 단 하나의 감산기만으로도 충분하기 때문에, 이는 불필요한 추가 회로이다.

이러한 경우, loop 불변 코드(loop invariant)를 loop 외부로 이동 시키는 것이 바람직하다. 이러한 설계 기법은 설계 모델의 시뮬레이션 효율을 증가시키는 데에도 도움을 준다. 다음의 예제를 살펴보자.

```
Car = . . .
. . .
Temp = Car - 6;    // A temporary variable is introduced.

for (Count = 1; Count <= 5; Count = Count + 1)
begin
   . . .
   Tip = Temp;
   // Assumption: Car is not assigned a new value within
   // the loop.
   . . .
end
```

보다 더 효율적인 합성 결과를 보장하기 위해서, 코드 이동이 설계자에 의해 이루어져야 한다. 이는 그림 4-1에서 보여지는 바와 같이, 논리 최적화기로 하여금 실질적인 최적화 작업을 수행하기 위한 보다 더 좋은 출발 지점을 가질 수 있도록 도와준다.

## 4.4 공통 인수 분해

공통 인수 분해(common factoring)는, `if` 문장이나 `case` 문장의 실행 경로 상, 상호 배타적으로 수행 될 수 있는 공통 부수식을 추출해 내는 과정을 의미한다. 다음의 예제를 살펴보자.

```
if (Test)
  Ax = A & (B + C);
else
  By = (B + C) | T;
```

수식 "*B+C*"는 `if` 문장의 각 실행 경로에서, 상호 배타적으로 수행된다. 이를 반영하여, 합성 시스템이 2개의 가산기를 생성하는 대신, 해당 수식을 공통 인수 분해로 추출하여 `if` 문장 이전에 위치시키는 것이 효율적이다. 다음의 예제가 이러한 결과를 보여준다.

```
Temp = B + C;      // A temporary variable is introduced.

if (Test)
  Ax = A & Temp;
else
  By = Temp | T;
```

이러한 공통 인수 분해로 인해 하나의 가산기만이 합성되었다. 보다 더 적은 개수의 게이트를 활용한 회로가 합성되는 것이다. 또한 설계자의 이와 같은 직접적인 공통 인수 분해는 논리 최적화기로 하여금 임계 영역(critical area)에 대한 최적화에 보다 더 집중할 수 있도록 도와준다.

## 4.5 교환 법칙과 결합 법칙

지금까지 소개된 여러 최적화 기법을 수행하기에 앞서, 교환 법칙에 따라 연산의 교환을 수행하는 것이 효율적 회로의 합성을 위해 도움을 줄 수 있다. 다음은 공통 부수식의 추출 이전에 교환 법칙을 사용한 경우이다. 교환 법칙의 사용을 통해 공통 부수식을 보다 더 효율적으로 파악하는 다음의 예제를 살펴보자.

```
Run = R1 + R2;
. . .
Car = R3 - (R2 + R1);
```

수식 "*R2+R1*"에 교환 법칙을 적용함으로 인해, 첫 번째 문장에서 수행되는 수식과 동일한 형태의 공통 부수식을 보다 더 효율적으로 생성해 낼 수 있다.

비슷한 원리로 결합법칙도 이전에 언급된 여러 최적화 기법을 수행하기 이전에 고려되어 최종적인 최적화에 도움을 줄 수 있다. 다음의 예제를 살펴보자.

```
Lam = A + B + C;
. . .
Bam = C + A - B;
```

첫 문장에서 결합 법칙과 교환 법칙을 실행하여, 공통 부수식 "*C+A*"을 파악할 수 있게 되었다. 이와 같은 공통 부수식이 생성된 이후에는 다음과 같이 모델이 재작성될 수 있다.

```
Temp = C + A;       // A temporary variable is introduced.
Lam = Temp + B;
Bam = Temp - B;
```

결합 법칙과 교환 법칙이 사용되지 않았다면, 합성 시스템은 3개의 가산기와 1개의 감산기를 생성할 것이다. 하지만 해당 법칙들을 적용하여 공통 부수식을 파악한다면, 합성 시스템은 2개의 가산기와 1개의 감산기만 생성하게 될 것이다. 이러한 과정을 통해, 회로의 공간 복잡도를 감소시키는 효과를 가지게 된다.

## 4.6 기타 최적화 기법들

합성 시스템에 의해 일반적으로 다루어지는 또 다른 형태의 최적화 기법들은 다음과 같다.

1) 실행 불능 코드 제거 (Dead-code Elimination)

2) 상수 대체 (Constant Folding)

이러한 최적화 기법들은, 일반적으로 합성 시스템에 의해 자동으로 수행된다. 따라서 설계자는 이러한 사항들을 추가적으로 고려하지 않아도 된다. 다음은 주어진 최적화 기법에 대한 부연 설명이다.

실행 불능 코드 제거 기법은 결코 수행될 수 없는 실행 경로상의 코드를 추출하여 제거하는 역할을 한다. 다음의 예제를 살펴보자.

```
if (2 > 4)
  Oly = Sdy & Rdy;
```

합성의 관점에서 if 문장의 실행 결과로 필요한 and 게이트는 사실상 생성할 필요가 없다[1].

상수 대체 기법은 컴파일 단계에서 상수값을 가지는 수식을 미리 계산하여, 할당 문장의 최종 결과값이 상수일 경우, 해당 상수를 바로 대입하여 계산을 위한 추가적 회로를 생성해 내지 않는 방식이다. 다음과 같은 예제를 살펴보자.

```
parameter FAC = 4;
. . .
Yak = 2 * FAC;
```

상수 대체 최적화 기법을 통해 수식 우변의 값이 컴파일 단계에서 계산되며, 그 결과값이 *Yak*에 대입된다. 따라서 이를 위한 어떠한 하드웨어 회로도 필요가 없다. 이는 합성된 회로의 공간 복잡도를 감소시킴과 아울러 논리 최적화에 소비되는 시간도 감소

1) 설계자가 처음부터 if (2 > 4)와 같은 코드를 작성하지는 않았을 것이다. 하지만 뒤이어 설명되는 상수 대체 기법이나 여타의 다른 최적화 기법들을 수행함으로 인해 이와 같은 상황이 설계자도 모르게 발생할 수 있다.

시키는 역할을 하게 된다.

## 4.7 플립플롭과 래치의 최적화

### 4.7.1 플립플롭 생성 방지

합성 단계에 있어서 플립플롭이 생성되는 원리를 이해하는 것은 매우 중요하다. 이러한 원리들은 간혹 합성 시스템들 사이에 있어서 다소간 차이가 있긴 하지만, 이와 같은 기본 원리가 지켜지지 않았을 경우, 합성 결과 생성된 최종 네트리스트는 실제 필요로 하는 개수보다 더 많은 플립플롭을 포함할 수 있다. 다음의 예제를 살펴보자.

```
reg PresentState;
reg [0:3] Zout;
wire ClockA;
. . .
always @ (posedge ClockA)
  case (PresentState)
    0 :
      begin
        PresentState <= 1;
        Zout <= 4'b0100;
      end
    1 :
      begin
        PresentState <= 1;
        Zout <= 4'b0001;
      end
  endcase
```

주어진 예제의 의도는 rising-edge-triggered로 *PresentState*의 값을 플립플롭에 저장하는 것이다. 하지만, 합성 결과는 이에 대한 플립플롭뿐만 아니라, *Zout*을 위한 4개의 추가적인 플립플롭도 생성한다. 이는 *Zout*이 클록의 제어 하에 값 할당을 받았기 때문이다. 설계자가 처음부터 이와 같은 상황을 고려했을 수도 있지만, 실제 설계자의 의도와 상관없이 발생한 결과일 수도 있다. 의도하지 않은 경우라면, 주어진 코드에서 *Zout*의 값 할당을 별도의 always 문장을 사용하여 재작성하여야 할 것이다.

하나의 플립플롭만을 생성하는 수정된 코드는 다음과 같다.

```
always @ (posedge ClockA)          // Flip-flop inference.
  case (PresentState)
    0 : PresentState <= 1;
    1 : PresentState <= 0;
  endcase

always @ (PresentState)            // Combinational logic.
  case (PresentState)
    0 : Zout <= 4'b0100;
    1 : Zout <= 4'b0001;
  endcase
```

### 4.7.2 래치 생성 방지

case 문장 혹은 if 문장의 수행 가능한 모든 분기 경로 상에서 적절한 값 할당을 받지 않은 변수들은 래치의 생성을 유발한다. Verilog HDL의 always 문장 내부에서 값 할당의 대상으로 사용되는 reg 변수는 메모리를 의미하게 되며, 따라서 변수가 모든 각각의 조건에 대한 분기 경로 상에서 값 할당을 받지 않게 된다면, 해당 변수의 값은 메모리에 저장되게 된다. 다음의 예제를 살펴보자.

```
reg Luck;

always @ (Probe or Count)
  if (Probe)
    Luck = Count;
```

*Probe*가 0인 경우에 *Luck*의 값은 어떻게 되겠는가? 이러한 경우 변수 *Luck*은 이전에 소유하고 있던 값을 가지게 될 것이다. 따라서 *Luck*의 값이 저장되어야 하며, *Luck*의 이전값을 유지하기 위한 래치가 생성되게 된다.

래치의 생성을 방지하기 위한 가장 좋은 방법은, 합성 시스템에 의해 얼마나 많은 래치가 생성되었는지 설계자가 먼저 이를 파악하는 것이다. 그 후, 설계자는 각각의 래치에 대해 의도된 것이었는가를 판단한다. 이 과정에서 설계자의 의도와 다르게 생성된 래치, 혹은 실수로 생성된 래치를 발견하게 된다.

다음은 래치의 생성을 방지하는 두 가지 좋은 기법이다. 첫 번째 방법은, if 문장에 있어서 그에 대응하는 else 문장에 대해서도 적절한 값을 할당하라는 것이다.

```
always @ (Probe or Count)
  if (Probe)
    Luck = Count;
  else                        // else claues added.
    Luck = 0;
```

두 번째 방법은, if 문장의 사용 이전에 변수에 대한 모든 초기값을 할당하라는 것이다.

```
always @ (Probe or Count)
begin
  Luck = 0;        // Value of variable is explicitly
                   // initialized.
  if (Probe)
    Luck = Count;
end
```

## 4.8 디자인 크기(Design Size)

### 디자인 크기와 합성 속도

연구 결과에 의하면, 2000에서 5000 게이트 수준이 논리 최적화기에 의해 가장 잘 다루어질 수 있는 회로의 규모이다. 이는 Verilog HDL에서 always 문장이 불필요하게 길어지지 말아야 할 것을 의미한다. 즉 게이트의 개수가 일정한 범위를 초과하지 않도록 여러 개의 always 문장 혹은 여러 개의 모듈로 설계 모델을 세분화할 필요가 있다.

하지만, Verilog HDL 설계 모델의 라인수와 합성 결과로 생성된 게이트수 사이에 직접적인 연관 관계는 없다. 가령, 2500 게이트가 Verilog HDL의 10 라인으로부터 합성[2] 될 수도 있으며, 10000 라인 정도의 Verilog HDL이 2500 게이트로 합성[3]될 수

2) 가령, 벡터 연산을 포함하는 for-loop의 경우 많은 게이트를 필요로 한다.

도 있다.

최적화 과정을 포함하여 합성 과정에 있어서 필요로 하는 수행 시간은, 디자인 크기 대해 지수적(exponential)으로 비례하여 증가한다. 즉 관리가 가능한 정도의 작은 디자인 크기를 유지하는 것이 중요[4]하다.

### 계층 구조

Always 문장의 관점에서, Verilog HDL을 계층 구조로 모델링하는 것이 바람직하다. 이는 논리 최적화기에 의해 효율적으로 다루어 질 수 있는 세부 회로 블록의 사용을 가능하게 하기 때문이다.

종종 합성 시스템은 큰 데이터 경로의 연산에 대해 자동적으로 계층 구조를 생성해 내기도 한다.

```
reg [15:0] Zim, Rim, Sim;
. . .
Zim = Rim + Sim;
. . .
```

주어진 예제는 합성 시스템이 16비트 가산기를 위해 독자적으로 계층 구조를 생성한 경우이다

### Macro의 사용

합성은 RAM이나 ROM과 같은 메모리 요소를 생성해 내기에 바람직한 방식이라고는 할 수 없다. RAM은 주로 사전 정의된 라이브러리(predefined library)에 의해 구현된다. 따라서 RAM과 같은 모듈이 필요할 경우, 이를 사례화하여 사용하고 직접 모델링할 필요는 없다. 합성 시스템은 해당 메모리의 구현을 위해 이를 블랙박스 형태로 남겨두며, 추후 RAM 라이브러리 모듈로의 연결(linking) 과정을 통해 최종 회로를 생성해 낸다.

다음과 같은 수식을 다룰 경우, 설계자는 이와 유사한 결정을 할 수 있다.

```
Cyr = Rby * Ytr;          // 16-bit arguments.
```

---

3) 가령, 단순한 할당 문장으로 구성된 대형 case 문장이 이의 예에 해당한다.

4) Small designs synthesize faster.

즉 위의 수식에 대한 효율적인 곱셈기의 구현을 기대할 수 있다. 설계자는 합성 시스템에 의해 자동적으로 생성되는 곱셈기보다 더 우수한 성능의 곱셈기 라이브러리를 보유하고 있을 수 있다. 이러한 경우도 설계자는 이를 직접 사례화하여 사용하면 된다.

## 4.9 괄호의 사용

Verilog HDL을 활용한 설계에 있어서, 설계자는 합성 결과로 생성될 회로의 구조를 명확히 파악하고 있어야 한다. 이러한 과정에서 중요한 사실은 괄호의 사용이다. 다음의 예제를 살펴보자.

```
Results = Rhi + Rlo - PhyData + MacReset;
```

수식의 우변을 계산하기 위해, 합성 시스템은 Verilog HDL의 수식 평가 법칙을 사용할 것이다. 즉 좌측에서 우측으로 수식을 평가해 나가도록 회로를 설계할 것이다. 따라서 그림 4-4와 같은 회로가 생성될 것이며, 이는 긴 임계 실행 경로를 가지게 된다.

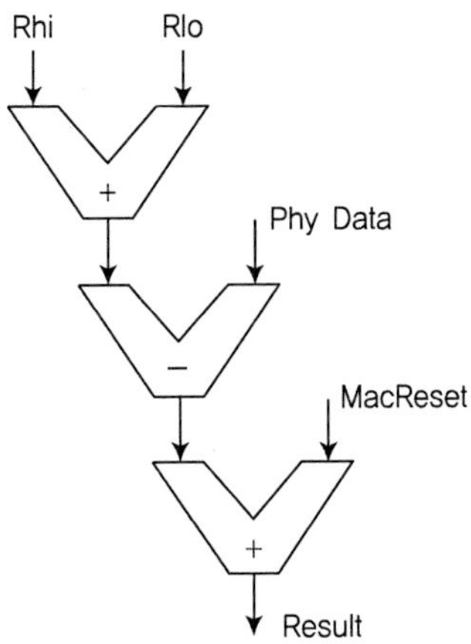


| 그림 4-4 | 괄호 사용 없이 수행

이에 대한 보다 더 바람직한 방식은 다음과 같은 괄호의 사용이다.

```
Results = (Rhi + Rlo) - (PhyData + MacReset);
```

이는 임계 실행 경로를 감소시킨다. 새롭게 합성된 회로는 그림 4-5와 같다. 또한 이와 같은 괄호의 적절한 사용은 공통 부수식을 파악할 수 있는 기회도 증가시킨다.

Verilog HDL의 설계상 권고 지침은 합성 회로의 구조를 제어하기 위해 적절한 괄호를 사용하라는 것이다.

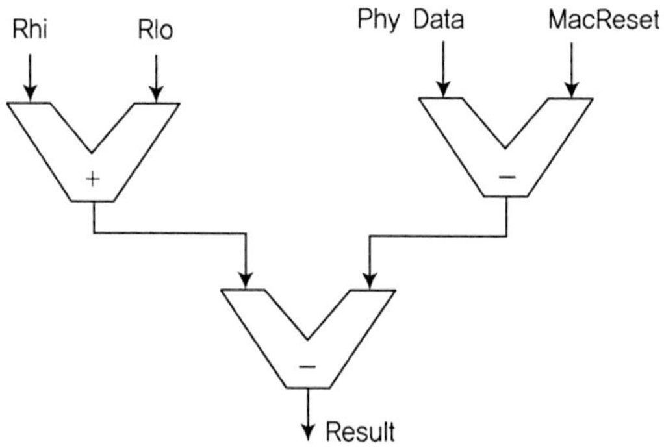


| 그림 4-5 | 괄호의 사용으로 변경된 회로

❏

# CHAPTER 5 VERIFICATION

Verilog HDL을 합성하는 과정에서, 생성된 네트리스트가 설계자의 의도한 기능대로 동작하는지를 검증(verification)하는 과정은 매우 중요한 작업이다. 합성 시스템이 그 합성의 과정에서 설계자가 의도하지 않은 부적절한 가정이나 해석을 할 수 있기 때문에, 검증은 합성 후 반드시 거쳐야 할 과정이다.

이 장에서는, Verilog HDL의 설계 모델과 합성된 네트리스트 사이의 기능적 일치 여부를 검증하기 위해, 검증 단계가 시뮬레이션 과정을 통해 수행된다고 가정한다. 설계 모델과 합성된 네트리스트 사이에 기능적 불일치가 발생하는 몇몇 경우를 소개할 것이며, 이와 같은 불일치를 방지하기 위한 Verilog HDL의 설계상 권고 지침을 설명할 것이다.

또한 그림 5-1에서 보여지는 바와 같이, 본서에서의 최종적인 합성은 Verilog HDL의 합성된 네트리스트를 생성해 내는 것으로 가정한다. Verilog HDL의 네트리스트란 net들에 의해 연결된 모듈 사례화의 집합이라고 할 수 있다.

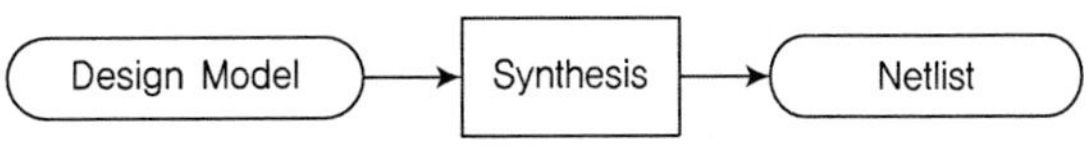


| 그림 5-1 | 합성 결과 생성된 네트리스트

## 5.1 테스트 벤치

기능을 검증하기 위한 한 가지 방법은, 설계 과정에서 사용되었던 시뮬레이션의 입력 요소들과 동일한 테스트 벤치(test bench)를 네트리스트 상에서 시뮬레이션하는 것이다. 즉 이들 사이의 시뮬레이션 결과를 저장하여, 그 결과가 동일한지 상호 확인한다. 이와 같은 과정이 그림 5-2에 나타나 있다.

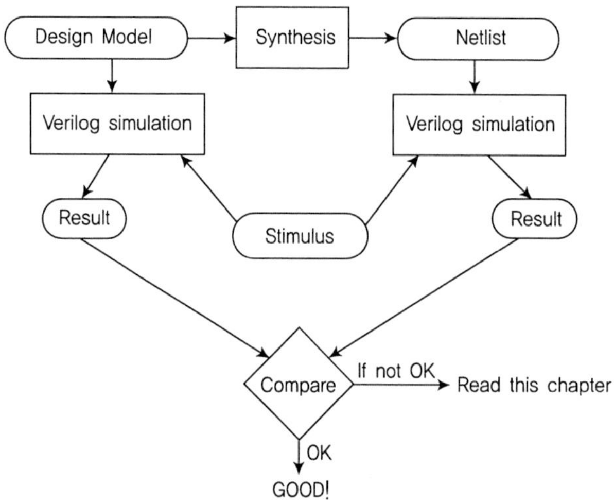


| 그림 5-2 | 시뮬레이션에 의한 검증

또 다른 방법은 Verilog HDL 모델 내부에 테스트 벤치를 직접 작성하는 것이다. 테스트 벤치란 입력 stimulus와 그것에 대응하는 출력을 비교하기 위해 모델링된 특별한 형태의 Verilog HDL 모델이다. 그림 5-3에 이러한 방식에 대한 검증 과정이 소개되어 있다. 전가산기에 대한 테스트 벤치는 다음과 같으며, stimulus가 "Inputs.vec"라는 파일로부터 읽혀진다. 이는 다음과 같은 내용을 가진다.

```
100
000
101
011
111
```

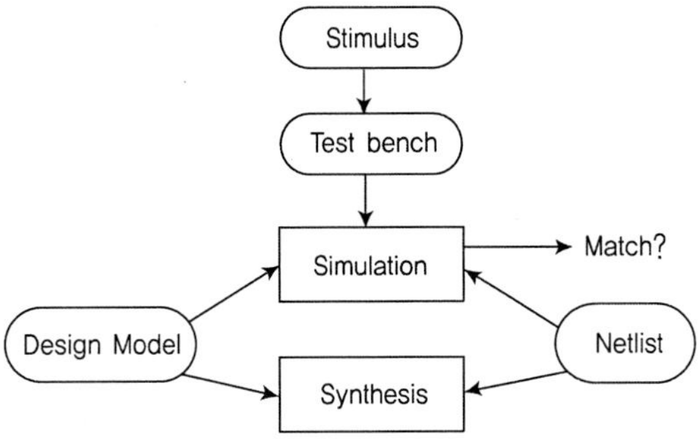

| 그림 5-3 | 일반적인 테스트 벤치의 사용

```
module TestBenchFA;
  parameter WORDS = 5;
  reg [1:3] MemV [1:WORDS];
  reg A, B, Cin;
  wire SumBeh, CoutBeh, SumStr, CoutStr;
  integer J;

  // Instantiate the design module under test:
  FA_RTL F1 (A, B, Cin, SumBeh, CoutBeh);

  // Instantiate the design module under test:
  FA_Netlist F2 (A, B, Cin, SumStr, CoutStr);

  initial
    begin
      // Read the file with input vectors:
      $readmemb ("Inputs.vec", MemV);

    // Apply each vector to both design module and
    // synthesized netlist module:
    for (J = 1; J <= WORDS; J = J + 1)
    begin
      {A, B, Cin} = MemV[J];
      #5; // Wait for 5 time units for circuit to settle.

      // If output values do not match:
      if ((SumBeh !== SumStr) || (CoutBeh !== CoutStr))
        $display ("****Mismatch on vector %b *****", MemV[J]);
```

```
        else
          $display ("****No Mismatch on vector %b *****", MemV[J]);
      end
    end
endmodule
```

주어진 테스트 벤치는 기능적 불일치를 야기하는 모든 경우를 출력한다.

다음 절에서는 합성 시스템에 의해 잘못 해석되어 Verilog HDL의 설계 모델과 합성된 네트리스트 사이의 기능적 불일치가 발생한 사례에 대해 소개한다.

## 5.2 할당 문장에서 사용된 지연 시간

설계 모델에서 명세된 지연 시간은 설계 모델과 합성된 네트리스트 사이에 기능적 불일치를 초래할 수 있다. 다음에 주어진 가산기 모델은 지연 시간을 포함하는 연속 할당 문장을 사용하였다. 이에 대응하는 네트리스트도 소개되어 있다.

```
module Adder (A, B, C);
  input [0:3] A, B;
  output [0:3] C;

  assign #5 C = A + B;
endmodule

// The synthesized netlist is:
module AdderNetlist (A0, A1, A2, A3, B0, B1, B2, B3,
                                        C0, C1, C2, C3);
  input A0, A1, A2, A3, B0, B1, B2, B3;
  output C0, C1, C2, C3;

  OAI21   C0_1      (C2_1, S248, S310, C0);
  ND2     S310_1    (S248, C2_1, S310);
  XOR2    S248_1    (A0, B0, S248);
  AOI22   C2_2      (S241, S244, A1, B1, C2_1);
  OAI22   C1_1      (S295, S244, S299, S241, C1);
```

```
    INRB     S299_1    (S244, S299);
    OAI22    S244_1    (B1, S242, A1, S243, S244);
    INRB     S243_1    (B1, S243);
    INRB     S242_1    (A1, S242);
    INRB     S295_1    (S241, S295);
    OAI22    S241_1    (S291, S237, S238, S239, S241);
    INRB     S291_1    (S240, S291);
    OAI21    C2_1      (S237, S240, S334, C2);
    ND2      S334_1    (S237, S240, S334);
    OAI22    S240_1    (B2, S238, A2, S239, S240);
    INRB     S239_1    (B2, S239);
    INRB     S238_1    (A2, S238);
    ND2      S237_1    (A3, B3, S237);
    OAI22    C3_1      (B3, S235, A3, S236, C3);
    INRB     S236_1    (B3, S236);
    INRB     S235_1    (A3, S235);
endmodule
```

만약 매 1ns 마다 stimulus 파일의 입력 벡터들이 설계 모델에 적용되었을 경우, Verilog HDL의 설계 모델에서 주어진 지연 시간으로 인해, 설계 모델과 네트리스트 사이의 실행 결과에 왜곡현상(skew)이 발생할 것이다. 네트리스트에 나타난 모든 모듈 사례화문들은 지연 시간이 없는 형태로 합성되었기 때문이다. 이러한 문제를 해결하기 위한 올바른 접근 방법은 다음과 같다.

1) Verilog HDL의 설계 모델에서 모든 지연 시간을 삭제한다.

2) 입력 stimulus에 적어도 5ns보다 더 큰 지연 시간을 준다. (선호 기법)

라이브러리 모듈에서 지연 시간이 사용될 경우, 이를 stimulus 시간과 상호 고려하여 지연 시간을 결정하여야 한다.

Verilog HDL의 설계상 권고 지침은, 합성 과정에서 Verilog HDL로 명세된 설계 모델과 합성 결과 생성된 네트리스트 사이에 기능적 불일치를 방지하기 위해, 최대 지연 시간을 먼저 계산하라는 것이다. 이때 입력 stimulus로 주어지는 지연 시간은 사전 계산된 최대 지연 시간보다 더 커야만 한다.

## 5.3 연결되지 않은 단자

모듈 사례화 문장에 있어서, 연결되지 않은 단자(unconnected port)를 포함하는 네트리스트가 합성될 수 있다. 다음의 예제를 살펴보자.

```
module AOI22 (A, B, D, Z);
  input A, B, D;
  output Z;
  reg T1, T2, C;

  always @ (A or B or D)
  begin
    T1 = A & B;
    T2 = C & D;              // C is never assigned a value.
    Z = ! (T1 | T2);
  end
endmodule

// Its synthesized netlist is:
modusle AOI22_NetList (A, B, D, Z);
  input A, B, D;
  output Z;

  AND2   S0_1    (A, B, T1_1);
  AND2   S1_1    ( , D, t2_1);    // First port is open.
  OR2    S2_1    (T1_1, T2_1, T2_0);
  INRB   S3_1    (T2_0, Z);
endmodule
// Note; A logic optimizer has not yet been used; it
// could potentially remove a redundant gate.
```

합성된 네트리스트를 살펴보자. *AND2* 모듈의 사례화 *S1_1*의 첫 번째 입력이 open되어 있다. *AOI22_NetList* 모듈의 시뮬레이션 과정에서 open된 입력단은 z[1]로 취급된다. 반면 *AOI22*[2] 모듈의 할당되지 않은 *C*는 기본값으로 x 값을 가지게 된다. *C*

1) Verilog HDL에서, 값이 할당되지 않은 reg 형태의 변수는 기본값으로 x를 가지며, net 형태의 변수는 z 값을 가진다.

에 대하여, 시뮬레이션 단계와 합성 단계에서 상호 다른 값을 가질 수 있다는 이와 같은 사실은, Verilog HDL로 명세된 설계 모델과 합성 결과 생성된 네트리스트 사이에 기능적 불일치를 야기할 수 있는 잠재적 가능성을 가진다.

일반적으로 우수한 합성 시스템은 값의 할당 이전에 사용된 변수에 대해 경고 메시지를 출력할 것이다. 모듈 *AOI22*의 변수 *C*가 이에 해당하는 경우이다. 이러한 경고 메시지의 출력에 주의할 필요가 있다.

## 5.4 사라진 래치

우리는 2장에서 래치를 생성하는 원리에 대해 살펴보았으며, 해당 원리에 대한 예외의 경우도 알아보았다. 즉 변수가 임시적으로 사용된다면 해당 변수에 대한 래치는 생성되지 않는다. 하지만 Verilog HDL의 설계 모델 형태로는 래치가 생성되어야 함에도 불구하고, 변수가 래치로 생성되지 않는 몇몇 예외 경우가 존재한다.

다음과 같은 첫 번째 예제를 살펴보자.

```
wire Control, Jrequest;
reg DebugX;
. . .
always @ (Control or Jrequest)
  if (Control)
    DebugX = Jrequest;
  else
    DebugX = DebugX;
```

주어진 예제의 always 문장에서, 변수 *DebugX*는 `if` 문장의 모든 분기 경로상에서 값의 할당이 이루어졌다. 하지만, 자료 흐름적 분석(data flow analysis) 관점에서 살펴보면 *DebugX*의 값이 래치로 저장되어야 한다. 이는 그 값이 *Control* 신호가 거짓일 경우 할당 이전에 사용되기 때문이다. 이러한 경우 합성 시스템은 변수 *DebugX*에 대한 경고 메시지를 출력할 것이다. 이와 같은 방식의 설계는, 합성 과정에 있어서 Verilog HDL로 명세된 설계 모델과 합성 결과 생성된 네트리스트 사이에 기능적 불일치를 초래할 수 있다.

래치를 발생시킬 수 있는 경우를 다시 한 번 살펴보면 다음과 같다.

2) 합성된 네트리스트에서 사용된 논리 게이트들의 동작은 Appendix B에 소개되어 있다.

1) 변수가 `if` 문장 혹은 `case` 문장과 같은 조건 문장 하에서 값의 할당이 이루어지고, 그리고

2) 변수가 조건 문장의 모든 분기 경로 상에서 값의 할당이 이루어 지지 않고, 그리고

3) 변수가 always 문장의 실행(multiple invocation)에 있어서 그 값이 저장될 필요가 있는 경우이다.

이상의 3가지 조건이 모두 만족되어야 래치가 발생한다. 위의 always 문장에서는 변수 *DebugX* 가 두 번째 조건을 위반했다. 따라서 *DebugX* 를 위한 래치가 생성되지 않는다.

다음에 주어진 또 다른 예제를 살펴보자.

```
always @ (Control)
begin
  if (Control)
    DebugX = Jrequest;
  else
    DebugX = Bdy;

  Bdy = DebugX;
end
```

주어진 always 문장은 *DebugX* 혹은 *Bdy* 에 있어서 래치가 발생되어질 것으로 보인다. 하지만 *DebugX*의 경우 두 번째 조건을 위배하였으므로, 래치로 생성되지 않는다. 또한 *Bdy*의 경우도 첫 번째 조건을 위배하였으므로, 역시 래치로 생성되지 않는다. 하지만 Verilog HDL의 언어 문맥적 의미로는, *Bdy* 값에 대한 저장이 필요하다. 일반적으로 이러한 경우에 대하여 합성 시스템은 래치를 생성하지 않을 것이다. 그 대신, *Bdy*의 경우 할당 이전에 사용되었다는 경고 메시지를 출력하게 될 것이고, 또한 설계 모델과 네트리스트 사이의 기능적 불일치의 가능성에 대한 경고 메시지를 출력할 것이다.

다음의 예제에서는 *DebugX* 를 위한 래치가 생성되지 않는데, 이는 두 번째 조건을 위반했기 때문이다. 하지만, *Bdy* 의 경우는 래치로 발생된다.

```
always @ (Control)
begin
  if (Control)
    DebugX = Jrequest;
  else
    DebugX = Bdy;

  if (Jrequest)
    Bdy = DebugX;
end
```

다음의 always 문장은 어떻게 되겠는가?

```
always @ (Control)
begin
  if (Control)
    DebugX = Jrequest;
  else
    DebugX = Bdy;

  if (Jrequest)
    Bdy = DebugX;
  else
    Bdy = 'b1;
end
```

*DebugX* 와 *Bdy* 의 경우 래치가 생성되지 않는다. 하지만 Verilog HDL의 언어 문맥적 의미로는 *Bdy* 의 값이 저장될 필요가 있다. 이러한 경우 일반적인 합성 시스템은 래치를 생성하지 않을 것이다. 이 경우, 합성 시스템은 할당 이전에 사용되었다는 경고 메시지를 출력하게 될 것이고, 또한 설계 모델과 네트리스트 사이의 기능적 불일치의 가능성에 대한 경고 메시지를 출력할 것이다[3].

3) 특정 변수가 할당 이전에 사용된 경우, 원칙적으로 이전값을 유지하여야 한다. 모든 분기 경로에 대한 명세가 이루어 졌을 경우라도, 최종적으로 각 분기 경로에서 이전값의 사용 여부를 설계자가 직접 체크하는 것이 바람직하다.

## 5.5 지연 시간에 대한 추가 사항

합성 시스템에 의해 지연 시간은 무시된다. 무시된다는 사실은 Verilog HDL의 설계 모델과 합성된 네트리스트 사이에 기능적 불일치의 가능성을 내포하고 있다.

```
LX = #3 'b1;

if (CondA)
  LX = #5 'b0;
  . . .
```

주어진 모델의 시뮬레이션 상에서는 다음과 같은 상황이 발생한다. 즉 3ns 이후에 *LX*가 1의 값을 가지고, 그리고 그 값은 *CondA*가 참인 경우 5ns 이후에 0으로 다시 변경된다. 하지만 합성 시스템은 지연 시간을 무시하기 때문에, *CondA*가 참인 경우의 전체 효과는 마치 *LX*에 0이 할당된 것처럼 하드웨어적으로 합성된다. 만약 합성된 네트리스트가 시뮬레이션 된다면, *CondA*가 참인 경우 *LX*가 1의 값을 갖는 경우는 처음부터 없을 것이다.

Verilog HDL의 설계상 권고 지침은 다음과 같다. 합성을 위한 설계 모델이라면 지연 시간의 사용을 자제하라는 것이다. 즉 지연 시간은 어디까지나 합성이 아닌 시뮬레이션 목적으로만 사용하여야 한다. 꼭 필요한 경우는, 지연 시간 요소들을 한 장소에 모아두고 주의 깊게 사용해야 한다.

## 5.6 Event-List

합성 시스템은 그 합성 단계에 있어서 always 문장 내부의 event-list와 일치하지 않는 결과를 생성시키는 경우가 종종 있다. 이러한 경우, Verilog HDL의 설계 과정에서 세심한 주의를 기울이지 않는다면, 설계 모델과 합성된 네트리스트 사이에 기능적 불일치를 야기할 수 있다. 다음의 간단한 예제를 살펴보자.

```
always @ (Read)
  Get = Read & Clock;
// Synthesized netlist is shown in Figure 5-4.
```

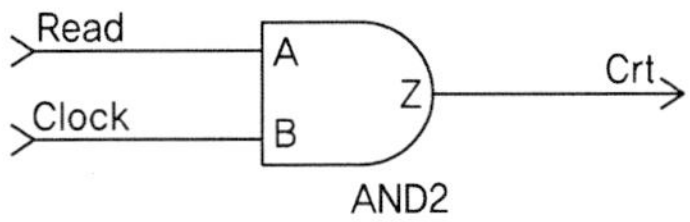


| 그림 5-4 | Read와 Clock 모두에 종속적인 네트리스트

그림 5-4에서 보여지는 합성된 네트리스트는 입력값 *Read*와 *Clock*의 모든 변화에 대해 그 변경된 값을 반영한다. 반면 Verilog HDL 모델의 경우, 주어진 always 문장은 단지 *Read*의 변화만 반영한다.

설계 모델과 합성된 네트리스트 사이의 기능적 불일치를 야기시킬 수 있는 또 다른 형태의 예제를 살펴보자. 주어진 예제는 불완전한 event-list를 사용하는 always 문장이다.

```
reg Rst;
reg [3:0] Pbus, Treg;
. . .
always @ (Rst)
   if (Rst)
      Treg = 0;
   else
      Treg = Pbus;
```

변수 *Pbus*는 always 문장의 event-list에 포함되지 않았다. 하지만, 합성된 네트리스트에서는, if 문장의 조건이 거짓이라면, *Pbus*의 값이 *Treg*로 전달될 것이다. 이는 Verilog HDL로 설계된 모델의 문맥적 의미와 일치하지 않는다. 따라서 합성된 네트리스트와 기능적 불일치를 초래할 수 있다.

Verilog HDL의 설계상 권고 지침은, 클록 event를 포함하지 않는 조합회로를 설계할 경우, always 문장 내부에서 참조되는 모든 변수들을 event-list에 포함시키라는 것이다.

## 5.7 합성 지시자

우리는 지금까지 full_case와 parallel_case에 해당하는 두 가지 형태의 합성 지시자(synthesis directives)를 살펴보았다. 하지만, 이들은 Verilog HDL로 명세된 설계 모델과 합성 결과 생성된 네트리스트 사이에 기능적 불일치를 초래할 수 있는 잠재적 가능성이 있다. 문제는 이러한 합성 지시자들이 합성 시스템에 의해서는 인지되지만, 시뮬레이션 시스템에서는 인지되지 못한다는 사실이다. 어떠한 경우이든, 설계자가 이와 같은 사실을 파악하고, 관련 합성 지시자를 주의 깊게 사용하지 않는다면, 기능적 불일치를 초래할 수 있다.

다음의 full_case 합성 지시자에 대한 예제를 살펴보자.

```
reg [1:0] CurrentState, NextState;
. . .
case (CurrentState)                 // synthesis full_case
  2'b01 : NextState = 2'b10;
  2'b10 : NextState = 2'b01;
endcase
```

합성 시스템은, 주어진 예제에 있어서 *CurrentState*의 경우 full_case 합성 지시자의 사용으로 인해 발생 가능한 모든 상태가 제시되었다고 판단하며, 나머지 경우에 있어서의 *NextState* 값은 don't-care라고 가정한다. 따라서 합성 시스템은 *NextState*를 위한 추가적인 래치를 생성하지 않을 것이다. 하지만 이와 같은 가정이 시뮬레이션 단계에서는 올바르지 않을 수 있다. 부적절한 테스트 벤치의 사용과 같은 어떠한 이유로 인해, *CurrentState*가 2'b00의 값을 가질 수 있을 것이다. 이러한 경우, case 문장은 *NextState*의 이전값이 미리 저장되어 있는 것처럼 시뮬레이션된다. 하지만 실제 합성된 네트리스트에서는 *NextState*의 어떠한 값도 저장되지 않는다.

다음은 parallel_case 합성 지시자에 대한 예제이다.

```
case (1'b1)                    // synthesis parallel_case
  Gate1 : Mask1 = 1;
  Gate2 : Mask2 = 1;
  Gate3 : Mask3 = 1;
endcase
```

합성 지시자 parallel_case는 주석으로 표현된다. case 문장에서의 시뮬레이션 문맥상, *Gate1*이 1이면 *Mask1*에 1을 할당하고, *Gate2*가 1인 경우는 *Mask2*에 1을 할당한다. 그리고 *Gate3*이 1인 경우는 *Mask3*에 1을 할당하게 된다.

하지만 합성 시스템은, parallel_case의 의미에 의해 우선순위를 내포하는 if 문장의 합성 대신, 병렬적으로 수행하는 디코더를 합성한다. 이는 설계 모델과 합성된 네트리스트 사이에 기능적 불일치를 야기할 수 있다. 만약 Gate3과 Gate1이 모두 1인 경우는 어떻게 되겠는가? 주어진 case 문장의 경우, 첫 번째 분기 경로만 선택되지만 합성된 네트리스트에서는 첫 번째 분기와 세 번째 분기가 모두 활성화 된다. if 문장으로 표현된 case 문장의 의미를 살펴보자.

```
if (Gate1)
  Mask1 = 1;
else if (Gate2)
  Mask2 = 1;
else if (Gate3)
  Mask3 = 1;
```

하지만 합성된 네트리스트에서의 의미는 다음과 같다.

```
if (Gate1)
  Mask1 = 1;

if (Gate2)
  Mask2 = 1;

if (Gate3)
  Mask3 = 1;
```

이와 같은 기능적 불일치를 방지하기 위한 Verilog HDL의 설계상 권고 지침은, 합성 지시자의 사용에 있어서 세심한 주의를 기울일 것과 꼭 필요한 경우에만 사용하라는 것이다.

## 5.8 비동기 Preset의 사용

비동기 preset clear 플립플롭을 합성할 경우에 대한 Verilog HDL의 설계상 권고 사항은 다음과 같다. 비동기적 조건하에서는 변수값이 아닌 특정 상수 값만을 할당하라는 것이다. 만약 변수가 비동기적으로 참조(read)될 경우 기능적 불일치의 가능성이 있다. 다음의 예제를 살펴보자.

```
module VarPreset (ClkZ, PreLoad, LoadData, PrintBus, QuickBus);
  input ClkZ, PreLoad;
  input [1:0] LoadData, PrintBus
  output [1:0] QuickBus;
  reg [1:0] QuickBus;

  always @ (negedge PreLoad or posedge ClkZ)
    if (! PreLoad)
      QuickBus <= LoadData; // Asynchronous data assign.
    else
      QuickBus <= PrintBus;
endmodule
// Synthesized netlist is shown in Figure 5-5.
```

주어진 예제에서, 2개의 플립플롭이 변수 *QuickBus*를 위해 합성되었다. 변수 *LoadData*는 다른 회로를 통해 플립플롭의 preset clear 입력단에 연결되어 있다. *PreLoad*가 0의 값으로 활성화되고 *LoadData*가 변경될 경우, 이는 비동기적 변화이기 때문에 플립플롭의 출력은 즉시 갱신된다. 하지만, Verilog HDL의 설계 모델에서는 *LoadData*의 어떠한 변화도 *QuickBus*의 출력에 영향을 미치지 못한다. 따라서 기능적 불일치가 발생한다.

이와 같은 기능적 불일치를 방지하기 위한 Verilog HDL의 설계상 권고 지침은, 비동기적으로 특정 변수의 값을 읽고 그 값을 플립플롭에 할당하는 작업을 피하라는 것이다. 꼭 사용해야할 경우라면, 비동기적 조건이 활성화 되었을 경우 비동기적으로 값이 변경될 수 있는 데이터에 대하여 어떠한 변화도 발생되지 않음이 보장되어야 한다.

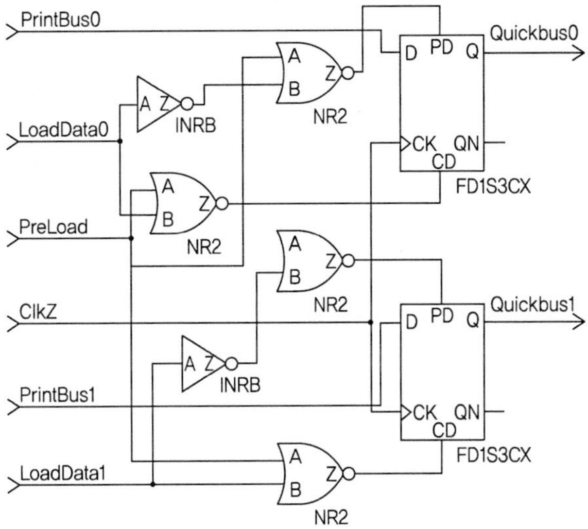


| 그림 5-5 | 비동기 preset의 사용

## 5.9 Blocking과 Non-blocking 할당문

우리는 이전에 제시된 2장의 내용을 통해, 다음과 같은 사실을 설계의 권고사항으로 제시하였다.

1) 조합회로의 설계를 위해, blocking 할당 문장을 사용한다.
2) 순차회로의 설계를 위해, non-blocking 할당 문장을 사용한다. 만약 blocking 할당 문장을 사용할 경우, 변수에 대한 모든 값 할당 및 참조는 always 문장 내부에서 이루어져야 한다.

이 절에서는 이러한 권고가 왜 중요한지에 대한 설명을 한다. 이와 같은 권고를 따르지 않을 경우, 설계 모델과 합성된 네트리스트 사이에 기능적 불일치의 가능성이 있다.

### 5.9.1 조합회로

기본적으로 blocking 할당 문장은 조합회로를 데이터 흐름(dataflow) 관점에서 효과적으로 표현한다. 다음의 always 문장을 살펴보자.

```
reg TM, TN, TO, TZ;

always @ (A or B or C or D or E)
begin
   TM = A & B;
   TN = C & D;
   TO = TM | TN | E;
   TZ = ! TO;
end
```

주어진 예제에서의 모든 할당 문장은 blocking 할당 문장이다. 순차적으로 실행되는 always 블록 내부의 문장들은 *TM*의 값이 먼저 계산된다는 사실을 간접적으로 내포하고 있다. *TM*의 값이 계산된 후, 두 번째 문장을 수행한다. 즉 *TN*의 값을 할당하고, 그 후 세 번째 문장으로 수행이 이어진다. 이는 조합회로의 실행에 있어서 데이터 흐름을 흉내 내는 것이라 할 수 있다.

그렇다면 이와 같은 문장을 모두 non-blocking 할당 문장으로 변경하여 보자.

```
reg TM, TN, TO, TZ;

always @ (A or B or C or D or E)
begin
   TM <= A & B;
   TN <= C & D;
   TO <= TM | TN | E;
   TZ <= ! TO;
end
```

Non-blocking 할당 문장의 사용으로 변경된 예제의 경우, 우선 첫 번째 문장이 수행 되었을 때, 그 값이 *TM*의 새로운 값으로 즉시 갱신되지 않는다. 갱신은, non-blocking 할당 문장의 문맥적 의미상, 현 시뮬레이션 주기의 마지막에 이루어지기 위해 스케줄링될 것이다. 모든 할당 문장들이 zero 지연 시간을 소비하며 순차적으로 실행될 것이므로, 세 번째 문장도 함께 실행된다. 이때, *TO*는 *TM*의 이전값을 사용하게 된다. *TM*의 경우, 아직 값 할당이 이루어지지 않은 상태이기 때문이다. 따라서 최종적인 *TZ*의 출력은 주어진 회로의 **and-or-invert** 동작을 제대로 반영하지 못하게 된다. 문제는 *TM*, *TN*, *TO*의 값이 모두 현 시뮬레이션 단계의 마지막에 갱신된다는 사실이며, 갱신된 새로운 값은 현 실행 단계에서 다시 반영될 수 없게 된다.

Always 문장 내부의 event-list에 변수 *TM, TN, TO* 를 모두 포함시킴으로 주어진 문제를 해결할 수 있다. 다음의 예제를 살펴보자.

```
reg TM, TN, TO, TZ;

always @ (A or B or C or D or E  or TM or TN or TO)
begin
   TM <= A & B;
   TN <= C & D;
   TO <= TM | TN | E;
   TZ <= ! TO;
end
```

이 경우, *TM, TN, TO* 가운데 어느 하나라도 변경된다면, 주어진 always 문장은 다시 수행될 것이며, 결국 *TZ*는 올바른 값을 가지게 될 것이다. 지금까지의 사실을 바탕으로 다음과 같은 두 가지 사항을 확인할 수 있다.

1) Non-blocking 할당 문장은 데이터의 논리적 흐름을 묘사하지 못한다.

2) 할당의 대상을 모두 event-list에 포함시킬 필요가 있다.

이러한 모든 문제들은, 조합회로를 표현할 경우, blocking 할당 문장의 사용으로 간단히 해결될 수 있다. 이는 Verilog HDL을 활용한 설계의 권고사항이다.

### 5.9.2 순차회로

우선, blocking 할당 문장이 순차회로의 설계에 있어서 상호 배타적으로 사용될 때, 어떠한 현상이 발생하는지 살펴보자. 다음은 blocking 할당 문장을 사용하는 두 always 문장이다.

```
always @ (posedge ClkA)          // Label AwA
   . . . = DataOut;              // Read value of DataOut.

always @ (posedge ClkA)          // Label AwB
   DataOut = . . .;              // Using blocking assignment.
```

*AwB* always 문장은 blocking 형태로 *DataOut*에 값을 할당한다. 그리고 *AwA* always 문장은 *DataOut*의 값을 읽는다. 만약 이러한 두 always 문장이 *ClkA*의 상승 에지에서 시뮬레이션 동안 주어진 순서대로 실행이 된다면[4], *AwA* always 문장은 *DataOut*의 현재 값을 먼저 읽고, 그 후에 *AwB* always 문장이 *DataOut*에 새로운 값을 할당하도록 수행시킬 것이다. 만약 주어진 두 always 문장의 순서가 바뀌었다면, 혹은 시뮬레이터가 시뮬레이션 순서를 바꾸었다면 어떻게 되겠는가? *AwB* always 문장은 먼저 실행되고 *DataOut*에 새로운 값이 할당될 것이다. 따라서 *AwA* always 문장의 *DataOut*은 새롭게 갱신값을 읽게 된다.

결과적으로, always 문장의 실행 순서에 따라서 최종적으로 얻어지는 실행 결과가 다르게 된다. 이러한 문제는 둘 이상의 always 문장이 동시에 수행될 준비가 되어 있고, 이들이 동일한 *DataOut*에 대한 값 참조 및 할당을 zero 시뮬레이션 시간에 완료하기 때문이다. 따라서 어느 always 문장이 먼저 수행되는가에 따라 *AwA*의 *DataOut*은 *DataOut*의 새로운 값일 수도 혹은 이전 값일 수도 있다.

이러한 시뮬레이션 종속적인 실행 결과를 방지하기 위해, 값 할당이 현재가 아닌 이후에 이루어지도록 강제할 필요가 있다. 즉 모든 참조 연산이 이루어지고 난 이후, 값 할당이 이루어지도록 조정할 필요가 있다. 이는 non-blocking 할당 문장의 사용을 통해 구현될 수 있다. 이러한 경우, *DataOut*에 대한 참조 연산은 현 시뮬레이션 단계(at current time)에서 이루어지고, *DataOut*에 대한 새로운 값 할당은 현 시뮬레이션 단계의 마지막(at the end of current simulation step)에 이루어진다. 즉 모든 참조 연산이 완료된 후, 값 할당이 수행된다. 이러한 방식은 Verilog HDL의 설계에 있어서, always 문장의 나열 순서에 관계없는 모델링을 가능하게 한다. 다음은 non-blocking 할당 문장을 사용하는 always 문장들이다.

```
always @ (posedge ClkA)          // Label AwA
   . . . = DataOut;              // Read value of DataOut.

always @ (posedge ClkA)          // Label AwB
   DataOut <= . . .;             // Using non-blocking assignment.
```

특정 always 문장에서 값 할당이 이루어지고 그 문장 외부에서 참조되는 변수의 값에 대해 non-blocking 형태로 값 할당이 이루어지고 있다.

4) 시뮬레이터는 always 문장들을 event-list의 event 변화에 따라 순서대로 수행될 수 있도록 정렬한다.

만약 할당과 참조 연산이 동일한 clocked always 문장에서 발생한다면 어떻게 되겠는가? 이러한 경우는 blocking 할당 문장을 사용한다.

```
reg [9:0] Total;

always @ (negedge ClkB)
begin
  Total = LoadValue + 2;  // Blocking assignment.

  if (Total == 21)        // Value assigned in previous
                          // statement used.
    NumBus <= ControlBus;
  else
    Numbus <= DataBus;
end
```

*Total*은 always 문장 내부에서 값이 할당되고 난 후, 동일한 always 문장에서 다시 참조되는 변수이다. 이러한 경우, 설계자는 *Total*에 대한 값 할당이 if 문장의 조건이 평가되기 이전에 완료되기를 바란다. 한편, *Total*은 값이 할당되고 난 후, 바로 참조되었기 때문에 래치가 아닌 임시 변수로서 충분하다. 따라서 blocking 할당 문장이 적절하다.

만약 다음과 같이 non-blocking 할당 문장이 사용된다면 어떻게 되겠는가?

```
reg [9:0] Total;

always @ (negedge ClkB)
begin
  Total <= LoadValue + 2;    // Non-blocking assignment.

  if (Total == 21)           // Old value of Total read.
    NumBus <= ControlBus;
  else
    Numbus <= DataBus;
end
```

이러한 경우 `if` 문장의 조건이 검사될 때 참조되는 *Total*의 값은 새롭게 갱신된 값이 아닌 이전 시뮬레이션 단계에서 결정된 값을 사용한다.

이상의 설명을 바탕으로, Verilog HDL의 설계상 권고 사항은 다음과 같다. 특정 always 문장 내부에서 값 할당이 이루어지고 그 외부에서 참조되어지는 변수는 non-blocking 할당 문장을 사용하는 것이 바람직하다. 또한 always 문장 내부에서 값 할당이 이루어지고 동일 always 문장에서 다시 참조되는 변수의 사용에 있어서는 blocking 할당 문장의 사용이 바람직하다.

❏

# SYNTHESIZABLE CONSTRUCTS

APPENDIX A

Verilog HDL의 구성자들에 대한 "합성 가능(synthesizable)"의 개념을 소개하기 위해, Appendix A에서는 합성 시스템에 의해 합성 가능한 구성자들을 소개한다. 이 책에서 제시된 합성 가능한 요소들은 다른 합성 시스템과 비교하여 그 요소(subset)들에 있어서 차이가 있을 수 있다[1].

시뮬레이션 단계에서만 의미가 있고 합성 단계에서는 무시되는 구성자들을 "ignored constructs"라 표시한다. 그리고 처음부터 합성 불가능한 구성자들을 "not supported"라 표시한다. 구성자들은 다음과 같은 항목으로 구분된다.

1) *Supported* : 구성자는 하드웨어로 합성될 수 있다.
2) *Not Supported* : 합성 시스템은 이러한 구성자가 입력 파일에 나타날 경우 합성을 중단한다.
3) *Ignored* : 선언 부분을 제외하고, 합성 과정에 있어서 경고 메시지가 출력된다.

다음의 테이블에서, 첫 번째 열(column)은 Verilog HDL의 특성을, 두 번째 열은 해당 특성의 지원 여부를, 그리고 세 번째 열은 해당 특성에 대한 부연 설명과 예외 사항이다.

1) 각각의 합성 도구에서 제공하는 Verilog HDL의 논리 합성에 따라서 조금은 차이가 있지만 보편적으로 논리 합성이 가능한 구문들을 정리하였다.

| Lexical Conventions | | |
|---|---|---|
| Operators | Supported | Case equality and case inequality not supported. |
| White Space and Comments | Supported | |
| Numbers | Supported | |
| Strings | Not Supported | |
| Identifiers, Keywords, and System Names | Supported | System names are ignores. |
| Text Substitutions | Supported | |

| Data Types | | |
|---|---|---|
| Value Set | Supported | |
| Registers and Nets | Supported | |
| Vectors | Supported | |
| Strengths | Ignored | |
| Implicit Declarations | Supported | |
| Net Initialization | Not Supported | The wires are initially unconnected |
| Net Types | Supported | |
| Memories | Supported | |
| Integers | Supported | |
| Times | Not Supported | |
| Real Numbers | Not Supported | |
| Parameters | Supported | |

| Expressions | | |
|---|---|---|
| Operators | Supported | Case equality and case inequality not supported. |
| Operands | | |
| Net and Register Bit Addressing | Supported | |
| Memory Addressing | Supported | |
| Strings | Not Supported | |
| Minimum, Typical, Maximum, Delay Expressions | Ignored | |
| Expression Bit Lengths | Supported | |

| Assignment | | |
|---|---|---|
| Continuous Assignments | Supported | Delay values and drive strength values ignored. |
| Procedural Assignments | Supported | |

| Gate and Switch Level Modeling | | |
|---|---|---|
| Gate and Switch Declaration Syntax | Supported | Strengths and delays not supported |
| AND, NAND, NOR, OR, XOR, and XNOR Gates | Supported | |
| BUF Gate | Supported | |
| NOT Gate | Supported | |
| BUFIF1, BUFIF0, NOTIF1, and NOTIF0 | Supported | |
| MOS Switchs | Not Supported | |

| Gate and Switch Level Modeling | | |
|---|---|---|
| Bidirectional Pass Switches | Not Supported | |
| CMOS Gates | Not Supported | |
| PULLUP and PULL-DOWN Sources | Not Supported | |
| Implicit Net Declarations | Supported | |
| Logic Strength Modeling | Not Supported | |
| Strengths and Values of Combined Signals | Not Supported | |
| Mnemonic Format | Not Supported | |
| Strength Reduction by non-Resistive Devices | Not Supported | |
| Strength Reduction by Resistive Devices | Not Supported | |
| Strengths of Net Types | Ignored | |
| Gate and Net Delays | Ignored | |
| Gate and Net Name Removal | Not Supported | |

| User-Defined Primitives | | |
|---|---|---|
| | Not Supported | |

| Behavioral Modeling | | |
|---|---|---|
| Procedural Assignments | Supported | Time declaration is not supported. Timing controls as delays are ignored Timing controls as events are not supported. |
| Conditional Statement | Supported | |
| Case Statement | Supported | |
| Looping Statements | | |
| Forever Loop | Not Supported | |

| Behavioral Modeling | | |
|---|---|---|
| Repeat Loop | Supported | Repeat expression has to be a constant. |
| While Loop | Not Supported | |
| For Loop | Supported | Assignments to the FOR index have to be constant assignment |
| Procedural Timing Controls | | Delay timing controls are ignored, event timing controls are not supported. |
| Block Statements | Supported | Time declaration, and event declaration are not supported. |
| Structured Procedure | | |
| Initial Statement | Ignored | |
| Always Statement | Supported | |
| Task | Supported | Time and Event declarations are not supported. |
| Function | Supported | Time Declaration, and event declaration are not supported. |

| Tasks and Functions | | |
|---|---|---|
| Tasks and Task Enabling | Supported | Time and event declaration are not supported. |
| Functions and Function Calling | Supported | Time declaration and event declaration are not supported. |

| Disabling of Named Blocks and Tasks | | |
|---|---|---|
| | Not Supported | |

| Procedural Continuous Assignments | | |
|---|---|---|
| | Not Supported | |

| Hierarchical Structures | | |
|---|---|---|
| Modules | Supported | |
| Top–Level Modules | Supported | |
| Module Instantiation | Supported | |
| Overriding module Parameter Values | Supported | DEFPARAM is not supported. |
| Macro Module | Supported | |
| Ports | Supported | |
| Hierarchical Names | Not Supported | |
| Automatic Naming | Supported | System generated names not supported. |
| Scope Rules | Supported | |

| Specify Blocks | | |
|---|---|---|
| | Not Supported | |

APPENDIX

# B A GENERIC LIBRARY

Appendix B에서는 이 책에서 제시된 합성 가능한 네트리스트 구성 요소들에 대해 소개한다. 각 구성 요소들의 기능은 주석을 통해 제시되어 있다.

```
module AND2 (A, B, Z);
  input A, B;
  output Z;
  // Z = A & B;
endmodule

module AOI21 (A1, A2, B, Z);
  input A1, A2, B;
  output Z;
  // Z = ! ((A1 & A2) | B);
endmodule

module AOI211 (A1, A2, B1, B2, Z);
  input A1, A2, B1, B2;
  output Z;
  // Z = ! ((A1 & A2) | B1 | B2);
endmodule
```

```
module AOI22 (A1, A2, B1, B2, Z);
  input A1, A2, B1, B2;
  output Z;
  // Z = ! ((A1 & A2) | (B1 & B2));
endmodule

module BN20T20D (A, ST, STN, PADI, Z, PADO);
  input A, ST, STN, PADI;
  output Z, PADO;
  // Bidirectional buffer.
  // z = PADI;
  // PADO = 0 when (!A && !STN) else
  //        1 when (A && ST) else
  //        'bz;
endmodule

module BUF (A, Z);
  input A;
  output Z;
  // Z = A;
endmodule

module FD1P3AX (D, SP, CK, Q, QN);
  input D, SP, CK;
  output Q, QN;
  // Positive edge-triggered, positive-level sample,
  // static D-type FF.
endmodule

module FD1S1A (D, CK, Q, QN);
  input D, CK;
  output Q, QN;
  // Positive-level sense static D-type FF (latch).
endmodule

module FD1S1B (D, CK, PD, Q, QN);
  input D, CK, PD;
  output Q, QN;
  // Positive-level sense, positive asynchronous
```

```
  // preset, static D-type FF (latch).
endmodule

module FD1S1D (D, CK, CD, Q, QN);
  input D, CK, CD;
  output Q, QN;
  // Positive-level sense, positive asynchronous
  // clear, static D-type FF (latch).
endmodule

module FD1S1E (D, CK, CDN, Q, QN);
  input D, CK, CDN;
  output Q, QN;
  // Positive-level sense, negative asynchronous clear,
  // static D-type FF (latch).
endmodule

module FD1S1F (D, CK, PD, CDN, Q, QN);
  input D, CK, PD, CDN;
  output Q, QN;
  // Positive-level sense, negative asynchronous clear,
  // positive asynchronous preset,
  // static D-type FF (latch).
endmodule

module FD1S2AX (D, CK, Q, QN);
  input D, CK;
  output Q, QN;
  // Negative edge-triggered, static D-type FF.
endmodule

module FD1SBX (D, CK, PD, Q, QN);
  input D, CK, PD;
  output Q, QN;
  // Negative edge-triggered, positive asynchronous
  // preset, static D-type FF.
endmodule

module FD1S2CX (D, CK, PD, Q, QN);
  input D, CK, PD;
```

```
  output Q, QN;
  // Negative edge-triggered, positive asynchronous
  // preset, positive asynchronous clear,
  // static D-type FF.
endmodule

module FD1S2DX (D, CK, CD, Q, QN);
  input D, CK, CD;
  output Q, QN;
  // Negative edge-triggered, positive asynchronous
  // clear, static D-type FF.
endmodule

module FD1S2EX (D, CK, CDN, Q, QN);
  input D, CK, CDN;
  output Q, QN;
  // Negative edge-triggered, negative asynchronous
  // clear, static D-type FF.
endmodule

module FD1S2FX (D, CK, PD, CDN, Q, QN);
  input D, CK, PD, CDN;
  output Q, QN;
  // Negative edge-triggered, negative asynchronous
  // clear, positive asynchronous preset, static
  // D-type FF.
endmodule

module FD1S2GX (D, CK, PD, CDN, Q, QN);
  input D, CK, PD, CDN;
  output Q, QN;
  // Negative edge-triggered, negative asynchronous
  // preset, static D-type FF.
endmodule

module FD1S2IX (D, CK, CD, Q, QN);
  input D, CK, CD;
  output Q, QN;
  // Negative edge-triggered, positive asynchronous
```

```
  // clear, static D-type FF.
endmodule

module FD1S2JX (D, CK, PD, Q, QN);
  input D, CK, PD;
  output Q, QN;
  // Negative edge-triggered, positive asynchronous
  // preset, static D-type FF.
endmodule

module FD1S2NX (D, CK, PDN, CD, Q, QN);
  input D, CK, PDN, CD;
  output Q, QN;
  // Negative edge-triggered, positive asynchronous
  // clear, negative asynchronous preset, static D-type FF.
endmodule

module FD1S2OX (D, CK, PD, CD, Q, QN);
  input D, CK, PD, CD;
  output Q, QN;
  // Negative edge-triggered, positive asynchronous
  // clear, positive asynchronous preset, static D-type FF.
endmodule

module FD1S3AX (D, CK, Q, QN);
  input D, CK;
  output Q, QN;
  // Positive edge-triggered, static D-type FF.
endmodule

module FD1S3BX (D, CK, Q, QN);
  input D, CK;
  output Q, QN;
  // Positive edge-triggered, positive asynchronous
  // preset, static D-type FF.
endmodule

module FD1S3CX (D, CK, Q, QN);
  input D, CK;
```

```
  output Q, QN;
  // Positive edge-triggered, positive asynchronous
  // clear, positive asynchronous preset, static D-type FF.
endmodule

module FD1S3EX (D, CK, CDN, Q, QN);
  input D, CK, CDN;
  output Q, QN;
  // Positive edge-triggered, negative asynchronous
  // clear, static D-type FF.
endmodule

module FL1S2AX (D0, D1, CK, SD, Q, QN);
  input D0, D1, CK, SD;
  output Q, QN;
  // Negative edge-triggered, data select front end,
  // scan FF.
endmodule

module FL1S2EX (D0, D1, CK, SD, CDN, Q, QN);
  input D0, D1, CK, SD, CDN;
  output Q, QN;
  // Negative edge-triggered, data select front end,
  // negative asynchronous clear, scan FF.
endmodule

module FL1S3AX (D0, D1, CK, SD, Q, QN);
  input D0, D1, CK, SD;
  output Q, QN;
  // Positive edge-triggered, data select front end,
  // scan FF.
endmodule

module FL1S3CX (D0, D1, CK, SD, Q, QN);
  input D0, D1, CK, SD;
  output Q, QN;
  // Positive edge-triggered, data select front end,
  // positive asynchronous clear, positive asynchronous
  // preset, scan FF.
endmodule
```

```
module FL1S3EX (D0, D1, CK, SD, CDN, Q, QN);
  input D0, D1, CK, SD, CDN;
  output Q, QN;
  // Positive edge-triggered, data select front end,
  // negative asynchronous clear, scan FF.
endmodule

module FS0S1D (S, R, CD, Q, QN);
  input S, R, CD;
  output Q, QN;
  // Positive-level S input, positive-level R input,
  // positive asynchronous clear, R-S FF (latch).
endmodule

module INRB (A, Z);
  input A;
  output Z;
  // Z = ! A;
endmodule

module INRBH (A, Z);
  input A;
  output Z;
  // Z = ! A; (same as INRB)
endmodule

module ND2 (A, B, Z);
  input A, B;
  output Z;
  // Z = ! (A & B);
endmodule

module ND3 (A, B, C, Z);
  input A, B, C;
  output Z;
  // Z = ! (A & B & C);
endmodule

module ND4 (A, B, C, D, Z);
  input A, B, C, D;
```

```
  output Z;
  // Z = ! (A & B & C & D);
endmodule

module NR2 (A, B, Z);
  input A, B;
  output Z;
  // Z = ! (A | B);
endmodule

module NR3 (A, B, C, Z);
  input A, B, C;
  output Z;
  // Z = ! (A | B | C);
endmodule

module NR4 (A, B, C, D, Z);
  input A, B, C, D;
  output Z;
  // Z = ! (A | B | C | D);
endmodule

module OAI21 (A1, A2, B, Z);
  input A1, A2, B;
  output Z;
  // Z = ! ((A1 | A2) & B);
endmodule

module OAI22 (A1, A2, B1, B2, Z);
  input A1, A2, B1, B2;
  output Z;
  // Z = ! ((A1 | A2) & (B1 | B2));
endmodule

module OAI4321 (A1, A2, A3, A4, B1, B2, B3, C1, C2, D, Z);
  input A1, A2, A3, A4, B1, B2, B3, C1, C2, D;
  output Z;
  // Z = ! ((A1 | A2 | A3 | A4) & (B1 | B2 | B3)
  //     & (C1 & C2) & D);
endmodule
```

```
module OR2 (A, B, Z);
  input A, B;
  output Z;
  // Z =  A | B;
endmodule

module OR4 (A, B, C, D, Z);
  input A, B, C, D;
  output Z;
  // Z =  A | B | C | D;
endmodule

module TBUS (D, CK, CKN, Q);
  input D, CK, CKN;
  output Q;
  // Q = 'bz when (! CK && CKN)
  //     'b0 when (! CK && D)
  //     'b1 when (! CKN && D)
endmodule

module XOR2 (A, B, Z);
  input A, B;
  output Z;
  // Z = | (A ^ B);
endmodule

module XOR2 (A, B, Z);
  input A, B;
  output Z;
  // Z = A ^ B;
endmodule

module XOR2Z (A, B, Z, Z1);
  input A, B;
  output Z, Z1;
  // Z = A ^ B; Z1 = ! (A | B);
endmodule
```

❑

# 찾아보기

## 저자 소개

**곽 종 욱(kwak@ynu.ac.kr)**

경북대학교 컴퓨터공학과에서 학사 과정을 마친 후, 서울대학교 대학원 컴퓨터공학과에서 공학 석사, 동 대학원 전기·컴퓨터공학부에서 공학 박사학위를 취득하였다. 이화여자대학교와 수원대학교에서 강사로 재직하였으며, 삼성전자 SOC 연구소 책임연구원으로 근무하였다. 현재 영남대학교 컴퓨터공학과 교수로 재직 중이며, 컴퓨터 구조 및 운영 체제 관련 교과를 강의 한다. 주요 연구 관심 분야는 프로세서 구조 설계, 임베디드 시스템 및 고성능 컴퓨팅 등이며, 해당 분야의 학술 논문 및 특허가 다수 있다. 저서 및 번역서로는 「HDL을 활용한 디지털 시스템 설계」 (영남대학교출판부, 2008), 「디지털 논리회로 설계, Verilog 기초」 (도서출판 한산, 2009) 등이 있다.



정가 15,000원

**Verilog® 합성 –최적의 합성을 위한 설계 가이드–**

2010년 8월 25일 초판 인쇄
2010년 9월 3일 초판 발행
저 자 : J. Bhasker
역 자 : 곽 종 욱
발행자 : 우 명 찬 · 송 준
발행처 : 홍릉과학출판사
주 소 : 서울시 강북구 인수동 455-60
142-885
등 록 : 1976년 10월 21일 제5-66호
전 화 : (02)999-2274 ~ 5, 996-8341, 903-7037
팩 스 : (02)905-6729
ISBN : 978-89-7283-891-3
e-mail: hongpub@hongpub.co.kr
http://www.hongpub.co.kr

저자와의 협의하에 인지생략